JN029487

Pythonによる
気象・気候データ解析

Pythonの基礎・気候値と
偏差・回帰相関分析

I

神山 翼 [著]

朝倉書店

まえがき

　著者が勉強した限り，Vilhelm Bjerknes によって創造された近代の気象学や物理気候学は，基礎方程式からスタートし，数式を操作することによる理論の発展を主眼としていました。もちろん，そのような研究は応用数学の得意な研究者によっていまも続けられていて，いつの時代も我々の憧れであることに変わりはありません。

　しかし 20 世紀後半から 21 世紀にかけて，大気海洋科学コミュニティは大きな転換期を迎えました。理由は主に 2 つあります。一つは，1970 年代における衛星観測の導入や，2000 年代における深海観測用フロートの急増に代表される観測機器の飛躍的発達です。これによりコミュニティは加速度的に大量の観測データを手に入れました。もう一つは，電子計算機の発達による，大規模数値計算の導入です。これにより，電子計算機内に仮想的な地球（モデル）を作り，現実ではできないような数値実験をすることが可能となりました。さらに，実際の観測データを繰り返しモデルに与えて数値計算を行うことにより，観測所のない場所を含む緯度経度格子点において，観測データを模したデータ（再解析データ）を獲得しました。以上によって何が起こるかは想像に難くありません。解析されるべき膨大なデータが日々生まれ，その多くが手つかずのまま我々を待っているのです。

　このような時代の流れの中で，現代の気象学や物理気候学は，「有り余るデータをどう解釈し，背後にある面白い自然現象をどう説明するか」に少しずつ重心を移してきたといえます。そのため，従来型応用数学を得意とする人材に加えて，「データを正しく読み書きできる」人材の需要が急激に高まっています。特に著者が，米国ワシントン大学の大学院生だった頃に気づいたことの一つに，「マイク・ウォレス・スクール」とでも呼ぶべき研究コミュニティの存在があります。彼らは，必ずしも数学がものすごく得意なわけではありませんが，ただ単にデータの取り扱いがおそろしく得意なのです。このようなスキルが，次世代の気象学や物理気候学の重要な部分を担うことは間違いありません。

　これらの背景により，著者は「数学は最小限にとどめておいて，とりあえずデータを読み書きすることだけを目指す経路があってもいいのではないか」と思い至りました。もちろん，データが完全に読めて，かつ自分で自在に扱えるようになるためには，数学力も重要です。しかし著者の感じたところによれば，「データの読み書き」だけに関しては，その 7 合目までは難しい数学をほとんど用いずに登ることができます。

7 合目まで登れば，たとえばビジネスで気象データを活用したい読者にとっては十分な基礎力がついたといえます．また，将来的に気象学者や海洋物理学者を目指す学生さんにとっても，「データの読み書き」の 7 合目までの知識をもとに，その後自ら必要な数学を補うことで，いつしか Vilhelm Bjerknes のように自分の科学を創造できるようになる日も近いでしょう．

　以上の理念により，本書の目的は，気象や気候に関するデータを読み書きするための客観解析手法について，「最易経路」で 7 合目まで登ることとします．具体的には，たとえば理科系の大学の学部生や大学院生が，気象学や物理気候学における論文や学会発表のデータ解析部分を **70%程度理解できる**ようになることを目指すと考えればよいでしょう．あるいは**民間企業にお勤めの方**にとっては，**気象データや季節変動する購買データ等を利用したマーケティングにおいて基礎的な戦略が立てられる**ようになることが目標です．逆にいうと，本書を読むだけで解析手法の裏にある数学的背景を理解できるようになることは全く目標としていません．この部分を捨てることにより，登山道を緩やかにするのが，本書のねらいです．まずは山を 7 合目まで登ってみて，全体像を見渡せるようになってから頂上を目指しても遅くはないでしょう．

　気象や気候のデータ解析をしようと思うと，特に 7 合目から見える景色は重要です．たとえば理論研究やモデル開発を行うのであれば，必要な勉強は必要になったときに補えば十分という方もいるかもしれません．しかし，データ解析を行うのであれば，どのような解析手法が存在するかを知識としてある程度事前に知っていなければ，必要なときにすぐに引き出しから取り出すことができません．**データ解析に必要なのは，気になることがあったら 3 日捨てて試してみる，いわば「小さなトライ」のための瞬発力です．**その小さなトライのために，急に勉強時間として 2 週間は捨てられませんから，普段から引き出しを揃えておくことが重要なのです．

　もちろん，その引き出しを実際に自分で開けてみたときに，「あぁここが壊れている」と気づくこともあるでしょう．その場合，必要な数学や，より高度な解析手法について，ほかの教科書で補ってください．その意味で，本書が発展的な他書[1]に向かうための「踏み台」としての役割を果たすことを期待しています．また本書の知識を用いて，面白い解析結果にたどりついた場合，あるいは本書に間違いを見つけた場合などは，ぜひ著者までご連絡いただけましたら幸いです（`https://sites.google.com/site/tsubasakohyama/contact-links`）．

　本書を書き上げるために，多くの方にご尽力いただきました．まず，本書の出版の

---

[1] 伊藤久徳・見延庄士郎 (2010). 気象学と海洋物理学で用いられるデータ解析法. 気象研究ノート, **221**, 263.

機会をくださった朝倉書店の皆様に感謝いたします。次に，著者に大気海洋データ解析の基礎を叩き込んでくださった師匠の Dennis Hartmann 先生，著者の学術面を導き精神面を支えてくださった Mike Wallace 先生，Chris Bretherton 先生，David Battisti 先生をはじめとするワシントン大学の先生方，東塚知己先生と三浦裕亮先生をはじめとする東京大学の先生方，北海道大学の見延庄士郎先生と稲津將先生，九州大学の望月崇先生と木田新一郎先生，そして末松環様，山上遥航様，木戸晶一郎様，関澤偲温様，高須賀大輔様，高橋杏様をはじめとする同僚の皆様に感謝いたします。また本書の基本的アイデアは，お茶の水女子大学理学部情報科学科・大学院理学専攻情報科学コースにおける授業「環境情報論」「気象情報解析特論」に基づいております。これらの授業を受け持つ機会をくださった学科教職員の皆様，そして授業を実際に受けてくださった学生の皆様にも感謝しております。特に，川原遥香様，照井雪乃様，森越彩楓様，武藤真璃様には，章末問題の解答例としてレポートの一部をご提供いただいたほか，中村天音様には第 I 巻付録 A のもととなる文書を作成していただき，武藤真璃様には原稿の改善点等の助言を数多くいただきました。最後に，ここまで支えてくださった家族や友人にも感謝の意を述べさせていただきます。

本書の進め方と注意点

- 長方形に囲まれた **Python** のプログラム部分が出てきたら，あなたの手元のコンピュータにも同じように書き写し，セルに書いてあるコマンドを実行しながら読み進めるようにしてください。Python でプログラミングをするための環境構築と，プログラム実行の詳しいやり方については，第 I 巻 1 章で解説しています。

- 本書を進める上で用いるデータについて，本文中で「ここで必要なデータ」という見出しが出てきたら，朝倉書店（https://www.asakura.co.jp/detail.php?book_code=16138）にアクセスし，「コンテンツダウンロード」からデータリンク集のファイル（Kohyama2024_DataLink.txt）をダウンロードし，そこに書かれている URL からダウンロードしてください。ダウンロードしたデータは，編集している.ipynb ファイル（第 I 巻 1 章で解説）と同じディレクトリに置いておきましょう。

- 章末問題は，Markdown セルを用いて説明を加えながら，いつでも見返せるように html 形式または pdf 形式で保存しておくとよいと思います。本書の章末問題は，**B** 問題まで解けば次の章に進んでも困らない知識がつくことを念頭に設計し

ています。いきなり全て解こうとしなくても構いませんが，やる気がある方は C 問題以降にも挑戦してみてください。特に，D 問題以降は結構大変なので，時間のあるときにじっくり取り組んでいただければと思います。

- **数学的背景**については，本書では（必須の部分以外）ほとんど解説しておりません。たとえば，最小 2 乗法を用いた回帰係数の決定法（第 I 巻 8 章）や，高速フーリエ変換（第 II 巻 1 章）など，本来は原理が科学として非常に重要であっても，データを読み書きできるようになるための優先順位が低いと判断したものは，遠慮なく飛ばすようにしています。必要があれば，他書で補ってください。一方，たとえば主成分分析（第 I 巻 11〜12 章，第 II 巻 8 章）に用いる行列計算など，データの読み書きに必須と思われる数学については，理科系の大学 1 年生程度の数学を前提として，丁寧に解説しています。

- **Python** プログラムの実装については，作業効率が上がる書き方ではなく，データ解析の原理を理解しやすい書き方を優先しています。本書の一番のねらいは，Python の使い方を解説することではなく，Python をツールとしてデータ解析手法の解説をすることだからです。つまり**本書では，将来 Python が世の中で使われなくなっても，別の言語で通用する力をつけていただくことが目標です**。そのため，たとえば pandas・Xarray・MetPy のような，Python を使う上でとても便利なツールをあまり用いていないという事情があります。また似たような理由で，特に第 II 巻において，同じような関数を各章で毎回定義し直しています（なるべくほかの章を参照せずに読めるようにするため）。本書で説明している原理を一度理解したら，Python の解説書等も適宜参考にしつつ，プログラムを自分の作業に用いやすいようにアレンジしてみるとよいと思います。たとえば，必要な関数を別ファイルに保存して import するようにしたり，Xarray を用いて書き直したり，計算の速いアルゴリズムに書き換えたりすると，作業効率が上がるかもしれません。

2024 年 4 月

神 山 　 翼

目　　次

付　　録

1 Python の環境構築・簡単な行列計算とグラフの描画

本章では，Python で気象データ解析を行うための環境構築を行ったのち，簡単な行列計算とグラフの描画の方法を学びます。また，見やすく解析結果をまとめる方法についても説明します。

1.1 Python の環境構築

本書における Python の実行環境は自由ですが，本書では 2 通りの方法を紹介します。これ以外にも，ご自身ですでに慣れている Python の実行環境があれば，それをお使いになって構いません。

1 つ目の方法は，Anaconda をインストールして **Jupyter Notebook** というアプリケーションで編集・実行することです。こちらの方法は，インターネット環境がなくても使えます。本書では，基本的に Jupyter Notebook を用いた Python プログラミングを想定して説明していきます。

ただし，もし環境構築がうまくいかなかったり，ブラウザ上で解析を完結させたい場合には，2 つ目の方法として **Google Colaboratory（Google Colab）** というウェブアプリケーションを使うのもよいと思います。

以下，本節では Jupyter Notebook の環境構築を紹介するので，Google Colab を使いたい場合は，本書の巻末付録 A で説明している「新規ノートブックの作成（A.1.1項）」「ノートブックの保存（A.1.2 項）」を参照してください。

■ 1.1.1 Anaconda のインストール

1. 下記サイト下部の Anaconda Installers（図 1.1）から，自分のコンピュータに合った「64-Bit Graphical Installer」をダウンロードする。
   `https://www.anaconda.com/products/individual`
2. ダウンロードしたファイル（末尾に「.pkg」という拡張子がついている）をダブルクリックし，指示に従ってインストールする。

図 1.1 Anaconda のウェブサイト下部にある Anaconda Installers

■ 1.1.2 新規ノートブックの作成

ノートブックとは，Python のプログラムを打ち込むための場所です。

1. Anaconda-navigator を開き，Jupyter Notebook を起動する（あるいは Mac の場合，ターミナルで jupyter notebook と書いても開くことができる）。
2. ウェブブラウザが立ち上がるので（図 1.2），ファイルを保存したいディレクトリに移動し，右上の「New」から「Python3」を選択する。
3. 左側に In[ ]: と書かれた長方形（**セル**）が出てきたら，準備完了。

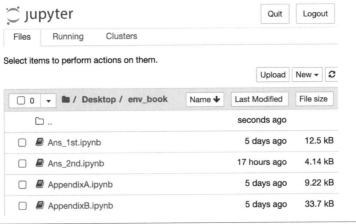

図 1.2 Jupyter Notebook 起動時の画面の例。画面右上に「New」という文字がある

■ 1.1.3　ノートブックの保存

作成したノートブックを保存しましょう。このとき，Notebook 形式と呼ばれる .ipynb という拡張子のファイルに保存されます。

1. Jupyter Notebook の画面内（ウェブブラウザの内側！）の左上のメニューバー（図 1.3）にある「File」から，「Save as…」を選択する。
2. 保存したファイルを開くには，Jupyter Notebook の画面内の左上（ウェブブラウザの内側！）にある「File」から「Open…」を選択し，.ipynb ファイルがあるディレクトリに移動して，ファイルをクリックする。

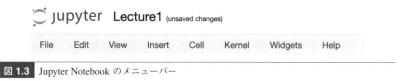

図 1.3　Jupyter Notebook のメニューバー

1.2 | Hello world! してみる

「Hello world!」とは，新しいプログラミング環境を用意したときに，その環境がうまく動作しているかをチェックするための操作です。

出現したセルに print('Hello world!') と打って，Shift キーを押しながら Return キー（Enter キー）を押してください。このとき，記号を含めて 1 文字 1 文字，**完璧に同じになるように書き写してください**。1 文字でも本書の記述と異なると，期待通りに実行結果が出力されなくなってしまいます。

特に間違いやすいのは，半角記号を全角記号で書いてしまうことです（たとえば「!」と「！」など）。**プログラミングでは，全角文字は原則使わない**と思っていたほうがよいでしょう。稀に，文字列として日本語を扱う場合には，全角文字を使いたい場合もあります。しかし，代わりに英語を用いるなどして，全角文字は避けられるならば避けたほうがよいです。これ以降，正しく書いているはずなのにプログラムがうまく実行されなかったら，まず全角文字が紛れ込んでいないか確かめるようにしましょう[*1]。

出力結果「Hello world!」が表示されれば，問題なく Python のコマンドが実行できていることが確認できます。

[*1]　最も辛いのは，「全角スペース」がプログラムに紛れ込んでしまったときです。「全角スペース」が紛れ込むとプログラムがうまく動かなくなってしまいますが，見えないから発見しづらいのです。

```
print('Hello world!')
```

Hello world!

　これ以降，本書で上記のような長方形に囲まれたコマンドが出てきたら，あなたの手元のセルにも同じように書き写し，Shift キーを押しながら Return キー（Enter キー）を押すことで，セルに書いてあるコマンドを実行しながら読み進めるようにしてください。

1.3 　簡単な行列計算をしてみる

　ウォーミングアップとして，次の行列 A について簡単な計算をしてみましょう。

　行列を一度も扱ったことがない人は，インターネット検索や初等的な線型代数学の教科書を参照しながら進んでみてください。逆に，NumPy を用いた行列計算に慣れている方は，本節を読み飛ばして構いません。

$$
A = \begin{pmatrix} 1 & 2 & 3 \\ 4 & 2 & 5 \\ 7 & 4 & 9 \end{pmatrix}
$$

■ 1.3.1　NumPy をインポートする

　Python で書かれたプログラムを実行する際，多くの場合，最初にモジュールと呼ばれる「部品のまとまり」を登録（インポート）しておきます（インポートしていないモジュールは使うことができません）。

　ここでは，まず **NumPy**（ナンパイ）という行列計算等を簡単に行うためのモジュールをインポートします。NumPy は，「NumPy 配列」と呼ばれる便利な性質をもつ配列を使うためのモジュールです。NumPy 配列の詳しい説明は，たとえば「NumPy の何がすごいのか？」などとインターネットで検索すると色々なサイトで紹介されていますので，そちらに譲ります[2]。

　numpy といちいち書くのが面倒なので，**np** と書いたら **NumPy** を指すことを約束するため，次のように書いてインポートします。

```
import numpy as np
```

---

[2]　参考ウェブサイト：AVILEN AI Trend「numpy の何がすごいのか？【Python3】」https://ai-trend.jp/programming/python/what-is-numpy/（2023–12–21 閲覧）

■ 1.3.2 行列を定義する

NumPy 配列を用いて行列 A を定義するときには，`np.array` というコマンドを次のように用います。これ以降，`np.xxx` というコマンドを書きたいときには，実行しているセルよりも上のセルで NumPy をインポートし終わっていないといけないことに注意してください。**Jupyter Notebook** では，`[ ]` の中の数字が実行しているセルの数字よりも若いセルについてのみ，すでに実行してあるコマンドであるとみなされます。

なお Python では，ハッシュ記号（#）より右に書かれている文字は，改行するまで**コメント文**として扱われます。コメント文は，**何が書いてあってもプログラムの実行結果には全く影響を及ぼさない文**のことで，メモのように自由に用いることができます。先ほど「全角文字を使わないように」と強調しましたが，実行結果に影響を及ぼさないのですから，コメント文では全角文字を使っても大丈夫です。

本書におけるコメント文は，著者がプログラムの説明のために用いているだけなので，あなたの環境で実行するときには，「#」以降の部分を真似て書く必要はありません。逆に，あなたのメモしたいことや，他の人に読んでもらうための説明文などは，積極的にコメント文に書くようにしましょう。

```
A = np.array([[1, 2, 3], [4, 2, 5], [7, 4, 9]]) # 行列Aを定義する
A # Aを出力する
```

```
array([[1, 2, 3],
       [4, 2, 5],
       [7, 4, 9]])
```

ちなみに，「全てのセルに書かれているコマンドを上のセルから順番に一気に実行」することもできます。

- **Jupyter Notebook の場合**：上のほうのツールバー（図 1.4）にある「▶▶」ボタンを押す。
- **Google Colab の場合**：ブラウザ内のメニューバーにおける「ランタイム」から，「全てのセルを実行」を選択する。

ほかにも，ツールバーやメニューバーには，プログラミングに役立つ色々な機能があります。Jupyter Notebook のツールバーを例に，詳しく見ておきましょう（Google Colab でも同様の機能はあります）。

- 「+」のマークは，新しいセルを追加する。

図 1.4 Jupyter Notebook のツールバー

- 「ハサミ」のマークは，セルを削除（カット）できる。
- 「紙が **2** 枚重なっている」マークは，セルを複製（コピー）できる。
- 「紙を板に貼り付けている」マークは，直前にカットやコピーをしたセルの貼り付け（ペースト），つまりもう一つ作ることができる。

そのほか，Jupyter Notebook や Google Colab の使い方は適宜，インターネットで検索しながら覚えていってください。使い方がわからないソフトウェアの検索の仕方を覚えるのも大事な学習です[*3]。

■ 1.3.3 行列のサイズを出力する

行列のサイズを出力するには，.shape を使います。たとえば，A は 3 行 3 列（3×3 の大きさ）なので，次のようになります。

```
A.shape # Aのサイズを出力する
```

```
(3, 3)
```

もちろん正方行列以外の，2 行 3 列の行列なども作ることができます。

ただし細かい話ですが，行ベクトルと列ベクトルの大きさがそれぞれ全て揃っていないと np.array は行列とみなされないので注意してください。たとえば 1 行目は 2 成分，2 行目は 3 成分もつような np.array を作ることもできますが，行列の演算はできません。

```
X = np.array([[1, 2], [3, 4, 5], [6]]) # 大きさの揃っていないXを定義する
X # Xを出力しても，行列にならない
```

```
array([list([1, 2]), list([3, 4, 5]), list([6])], dtype=object)
```

■ 1.3.4 行列の成分を抜き出す

いま，A の 2 行 3 列目の成分である 5 のみを抜き出して出力したいとします。

ここで注意しなければならない大事なルールとして，「Python において，行列の成分は 0 から数える」というのがあります。つまり，**m 行 n 列目**の成分を出力したいときには，**A[m-1, n-1]** と書きます。

```
A[1, 2]
```

[*3] 実際，著者はもともと MATLAB という言語を使って研究をしていたのですが，授業で気象データ解析を教えるために Python と Jupyter Notebook を一から勉強しました…。

　次に，行ベクトル（横方向のかたまり）や列ベクトル（縦方向のかたまり）を抜き
出して出力したいときには，「:」を使います（コロンと読みます）。

```
A[0, :] # Aの1行目を出力
```

```
array([1, 2, 3])
```

```
A[:, 1] # Aの2列目を出力
```

```
array([2, 2, 4])
```

　もう少し複雑なことをやろうとすると，慣れるまでは少々面倒なルールもあります。
たとえば，「A の 1 列目から 2 列目を出力したい」などというときには，A[:, 0:1]
ではなく，A[:, 0:2]と書きます。これは**スライス**という考え方によるものです。
　いま，行列の各列ベクトルの間に

　|1 列目|2 列目|3 列目|...

のように各列に縦棒で表される仕切り「|」があると考えましょう。そして，仕切り自
体にも，左から順に 0, 1, 2, 3, ... と番号を振ります。
　すると，たとえば 1 列目から 2 列目を取り出すためには，**一番左の仕切り（0 の仕
切り）と左から 3 番目の仕切り（2 の仕切り）**で「スライス」すればよいということ
になります。

```
A[:, 0:2] # Aの1列目から2列目を出力
```

```
array([[1, 2],
       [4, 2],
       [7, 4]])
```

```
A[:, 1:3] # Aの2列目から3列目を出力
```

```
array([[2, 3],
       [2, 5],
       [4, 9]])
```

　また，**列ベクトルを抜き出すと，行ベクトルのように出力される**ことにも注意しま
しょう（ですので，本書ではこれ以降は行ベクトルや列ベクトルのことを単に「ベク
トル」と書きます）。

```
A[0:2, 1] # Aの1行目から2行目，かつ2列目のみを出力
```

```
array([2, 2])
```

いきなり色々と覚えなければいけないルールが出てきて，面食らってしまったかもしれませんが，やっているうちにすぐに慣れるので大丈夫です。わからなくなった時点で，また戻ってくればよいのです。心配せずに，先に進みましょう。

■ 1.3.5 行列の基本的演算

行列の基本的演算は，たとえば次のように計算できます。ここでは例に上がっていない操作も，適宜インターネットで検索しながら，学んでいくようにしてください。

▶ a. 転置行列（行と列を入れ替えた行列）

行列の転置行列を求めるときには，「.T」と書きます。

```
B = A.T # Aの転置行列をBとする
B # Bを出力する
```

```
array([[1, 4, 7],
       [2, 2, 4],
       [3, 5, 9]])
```

ここで登場した「=」のマークは，「左辺と右辺は等しい」という意味ではなく，**「左辺に右辺を代入する」**ことを意味します。B という新しい箱（変数）を用意して，A.T という行列を入れるイメージです[*4]。

ちなみに上記の例のように，各セルの最後の行に書いたものは自動的に出力されます。最後の行以外の結果を出力したい場合は，print というコマンドを使います。

```
print(A) # セルの最後の行ではないが，Aは出力される
B # セルの最後の行ではないので，printを書かないとBは出力されない
print(B[1, 2]) # 最後の行でprintを書いてもOK（out[]という文字は表示されない）
```

```
[[1 2 3]
 [4 2 5]
 [7 4 9]]
4
```

▶ b. 行列の和（行列の成分同士の和）

行列の和を求めるときには，普通に「+」を使えば OK です。

```
A + B # 行列Aと行列Bの和
```

[*4] Python では，Fortran や C 言語のような変数名や型の宣言は行わずに進むことができてしまいます。変数は，用意したときに代入された変数と同じ型となり，代入するたびに型も変わります（その代わり，型宣言を行わないことによるバグも起きやすいです）。

```
array([[ 2,  6, 10],
       [ 6,  4,  9],
       [10,  9, 18]])
```

　上記の例からわかるように，行列とその転置行列の和は，対称行列（行列とその転置行列が等しいような行列）となります。

▶ C.　逆行列（行列を未修の人はまだ理解しなくてよい）

　逆行列を求めるときには，np.linalg.inv というコマンドを使います。linalg は linear algebra（線型代数）の略で，inv は inverse matrix（逆行列）の意味です。

```
D = np.linalg.inv(A) # Aの逆行列をDとする
D # Dを出力する
```

```
array([[-1. , -3. ,  2. ],
       [-0.5, -6. ,  3.5],
       [ 1. ,  5. , -3. ]])
```

▶ d.　行列の積（本書では第 11 章まで登場しない）

　行列の積を求める際には，「@」を用いるか，np.dot というコマンドを用います。どちらか好きなほうを用いてください。

```
A@D # 行列の積AD
```

```
array([[ 1.00000000e+00,  0.00000000e+00, -4.44089210e-16],
       [ 1.11022302e-16,  1.00000000e+00,  4.44089210e-16],
       [-3.33066907e-16, -3.55271368e-15,  1.00000000e+00]])
```

```
np.dot(A, D) # 行列の積AD
```

```
array([[ 1.00000000e+00,  0.00000000e+00, -4.44089210e-16],
       [ 1.11022302e-16,  1.00000000e+00,  4.44089210e-16],
       [-3.33066907e-16, -3.55271368e-15,  1.00000000e+00]])
```

　わずかに数値計算による誤差がありますが，行列と逆行列の積なので，ほぼ単位行列（対角成分は 1，非対角成分は 0 であるような行列）になっていることに注意してください。

▶ e.　行列の成分同士の積

　先ほど，行列の積では，普通の掛け算で使う「*」を使いませんでした。では，「*」は何を意味するかというと，行列の成分同士の積として得られる行列です。つまり 2 つの行列において，1 行 1 列成分同士，1 行 2 列成分同士，... などというように掛け算をして求めた行列です。

```
A*D # 行列Aと行列Dの成分同士の積
```

```
array([[ -1. ,  -6. ,   6. ],
       [ -2. , -12. ,  17.5],
       [  7. ,  20. , -27. ]])
```

▶ f.　行列の固有値と固有ベクトル（本書では第11章まで登場しない）

　あなたが線型代数学を勉強したことがあれば，行列の固有値と固有ベクトルを一生懸命手計算で出した記憶があると思います。なんと，NumPy だと，あの面倒な計算も1行で終わります！

```
np.linalg.eig(A) # 行列Aの固有値と，対応する固有ベクトル
```

```
(array([13.49321177, -1.38629149, -0.10692028]),
 array([[-0.27634299, -0.83217759, -0.39341216],
        [-0.46264258,  0.35902292, -0.69132945],
        [-0.84237545,  0.42259082,  0.60604493]]))
```

1.4 ┃ グラフの描画

　行列の扱いに慣れたところで，次に簡単なデータからグラフを描画する方法を学びましょう。

■ 1.4.1　matplotlib.pyplot をインポートする

　まず，**Matplotlib** という，グラフを描画するためのモジュールをインポートします。今回用いるのは，Matplotlib の中の pyplot というモジュールで，データに基づいて折れ線グラフを書いたり，等高線を書いたりするためのものです。

　Matplotlib の詳しい説明は，たとえば「Matplotlib を使ってみよう」などとインターネット等で検索すると色々なサイトで紹介されていますので，そちらに譲ります[5]。

　こちらも，matplotlib.pyplot といちいち書くのが面倒なので，plt と書いたら matplotlib.pyplot を指すことを約束しておきます。

```
import matplotlib.pyplot as plt
```

---

[5]　参考ウェブサイト：CodeCampus「【Python 入門】Matplotlib を使ってみよう」https://blog.codecamp.jp/python-Matplotlib（2023–12–21 閲覧）

■ 1.4.2　グラフの描画

たとえば 2009 年から 10 年間において，ある地点の年平均気温（℃）が次のように変動したとします[*6]。

15, 12, 13, 19, 14, 14, 15, 16, 10, 17

これをグラフとしてプロットするには，次のようにします。

▶ a.　x 座標の入ったベクトルを用意

まず，x 座標（年）の値を表すベクトルを year として定義しておきます。このとき，np.arange というコマンドを用いると便利です。np.arange(a，b，c) は，**a** から，**b** を超えない範囲で，**c** ずつ増えるように数を列挙したベクトルを作るという意味になります。

```
# 2009から2019を超えない範囲で，1ずつ増えるように数を列挙する
# 作ったベクトルは，yearという変数を作って代入しておく
year = np.arange(2009, 2019, 1)

year
```

array([2009, 2010, 2011, 2012, 2013, 2014, 2015, 2016, 2017, 2018])

同様のことは，np.linspace というコマンドを用いて行うこともできます[*7]。np.linspace(a，b，c) は，**a** から **b** までを等間隔で **c** 個の数を割り当てたベクトルを作るという意味になります。

```
# 2009から2018までを等間隔で10個の目盛をつける
# 作ったベクトルは，yearに代入しておく
year = np.linspace(2009, 2018, 10)

year
```

array([2009., 2010., 2011., 2012., 2013., 2014., 2015., 2016., 2017., 2018.])

ちなみに上記の例の year のように，一度作った変数に別の行列を代入すると上書きされるということを覚えておいてください。今回の場合は，同じ内容が上書きされても特に問題はないので，そのまま進みます。

▶ b.　y 座標の入ったベクトルを用意

次に，y 座標の値である年平均気温を表すベクトルを temperature として定義しておきます。いまは，前節で行列 A を定義したときのように，直接打ち込んで np.array を用いて定義してみましょう。

[*6]　実際にはこのように激しく変動することはないと思います。

[*7]　できあがった配列は，整数型ではなく，実数型になります。

```
# 作ったベクトルは，temperature（温度）という変数を作って代入しておく
temperature = np.array([15, 12, 13, 19, 14, 14, 15, 16, 10, 17])

temperature
```

```
array([15, 12, 13, 19, 14, 14, 15, 16, 10, 17])
```

▶ c. 折れ線グラフの描画

x と y が両方とも n 成分をもつベクトルのとき，点 (x_i, y_i) $(i = 1, 2, \ldots, n)$ を折れ線グラフとして描画するには，`plt.plot(x, y)` と書きます。

また，`plt.show()` を入れることで，描画したグラフを出力します（ただし print と同じように，最終行に `plt.plot` がある場合は省略可能です）。

```
plt.plot(year, temperature) # 点の集合を描画した折れ線グラフを作成
plt.show() # 作成したグラフを出力する
```

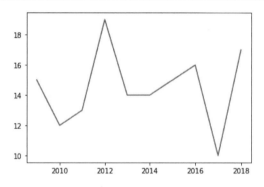

▶ d. 散布図の描画

x と y が両方とも n 成分をもつベクトルのとき，点 (x_i, y_i) $(i = 1, 2, \ldots, n)$ を**散布図**（**scatter plot**）として描画するには，`plt.scatter(x, y)` と書きます。

```
plt.scatter(year, temperature) # 点の集合を描画した散布図を作成
plt.show() # 作成したグラフを出力する
```

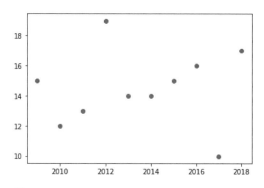

▶ e. 棒グラフの描画

x と y が両方とも n 成分をもつベクトルのとき，点 (x_i, y_i) $(i = 1, 2, \ldots, n)$ を棒グラフとして描画するには，`plt.bar(x, y)` と書きます。

（注意：ここでは，あくまでも Python の使い方の例として示しており，普通は気温を棒グラフで示すことはありません。気温の基準を 0°C に置くことの物理的な意味は乏しく，棒の長さに意味をもたせられないからです。）

```
plt.bar(year, temperature) # 点の集合を描画した散布図を作成
plt.show() # 作成したグラフを出力する
```

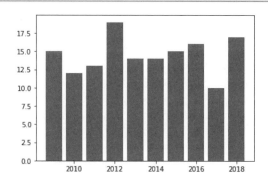

■ 1.4.3 グラフの見た目を指定するオプション

オプションと呼ばれる変数を指定することで，グラフの見た目を変えることもできます。

▶ a. グラフの色を変える

グラフの色を変えるためには，c または color というオプションを指定します。

```
plt.plot(year, temperature, c='k') # 折れ線を黒にする
plt.show()
```

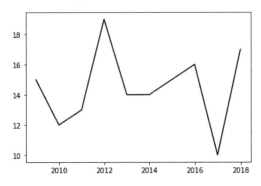

グラフの色を変えるための代表的なコマンドを，以下の表にまとめておきます。

グラフの色を変えるコマンド	出力されるグラフの色
'r'	赤
'g'	緑
'b'	青
'c'	シアン
'm'	マゼンタ
'y'	イエロー
'k'	黒
'w'	白
'#377eb8'	（カラーコードで指定することも可能）

▶ b. 折れ線グラフの太さを変える

plt.plot で描かれるグラフの太さを変えるときには，オプション linewidth を指定します。

```
plt.plot(year, temperature, linewidth=10) # 折れ線を太くする
plt.show()
```

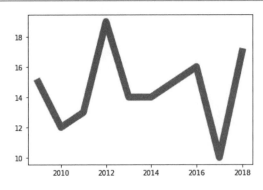

▶ c. 散布図のマーカーの形を変える

　plt.scatter で描かれる散布図のマーカーの形を変えるときには，オプション marker を指定します。

```
plt.scatter(year, temperature, marker='+') # マーカーを+記号にする
plt.show()
```

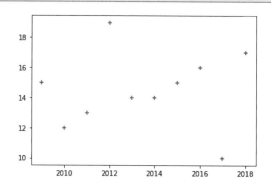

　散布図のマーカーを変えるための代表的なコマンドを，以下の表にまとめておきます[8]。

マーカーの形を変えるコマンド	出力されるマーカーの形
'.'	点
',','s'	四角形
'o'	円
'v','^','<','>'	三角形（下向き，上向き，左向き，右向き）
'1','2','3','4'	Y字（下向き，上向き，左向き，右向き）
'8'	八角形
'D'	ダイヤモンド
'd'	細いダイヤモンド
'+'	プラス印
'x'	バツ印
'*'	星印

▶ d. オプションを複数同時に用いる

　オプションは 2 つ以上同時に用いることも可能です。ここでは，散布図のマーカーの形を三角形に変更し，色を赤にし，透明度を 50% とし，マーカーのサイズを大きくしてみましょう。

---

[8]　参考ウェブサイト：Python でデータサイエンス「matplotlib で指定可能なマーカーの名前」 https://pythondatascience.plavox.info/matplotlib/マーカーの名前（2023–12–21 閲覧）

```
plt.scatter(year, temperature, marker = '^', c = 'r', alpha = 0.5, s = 500)
plt.show()
```

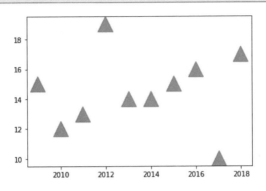

　さらに詳しい使い方は，Matplotlibを用いたグラフの描画についてインターネット
で調べて，色々と練習してみてください。たとえば，「plt.scatter　マーカー　種類」な
どと検索すれば，好きなようにマーカーの形を変える方法が見つかります。

■ 1.4.4　グラフの軸の設定

　以下では，グラフの軸の範囲や軸のラベルを設定するコマンドを紹介します。

▶ a.　グラフの軸の範囲の設定

　グラフの軸の範囲は，plt.xlim([a, b])およびplt.ylim([c, d])と設定します。

```
plt.plot(year, temperature) # 点の集合を描画した折れ線グラフを作成
plt.xlim([1990, 2025]) # 横軸の範囲を1990から2025にする
plt.ylim([5, 25]) # 縦軸の範囲を5から25にする
plt.show() # 作成したグラフを出力する
```

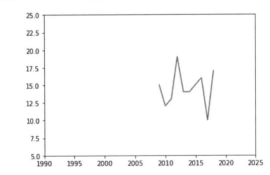

▶ b.　グラフの軸の目盛の設定

　グラフの軸の目盛間隔を設定するには，適当な名前のベクトルa, bを用意して，軸

の目盛を打ちたい数を指定し，`plt.xticks(a)` および `plt.yticks(b)` とします。

```
# 点の集合を描画した折れ線グラフを作成
plt.plot(year, temperature)

# 軸の目盛間隔の設定
tick_x = np.arange(2009, 2019, 1) # 2009から2019を超えない範囲で1ずつ増加
tick_y = np.arange(8, 21, 3) # 8から21を超えない範囲で3ずつ増加
plt.xticks(tick_x) # 横軸の目盛間隔を指定
plt.yticks(tick_y) # 縦軸の目盛間隔を指定

# 作成したグラフを出力する
plt.show()
```

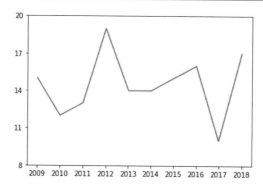

▶ C.　グラフの軸のラベルを設定

　グラフの軸のラベルを設定するには，`plt.xlabel` および `plt.ylabel` というコマンドを用います。Python では，クオーテーションマーク（'）で囲んだ文字は文字列として扱われます。今回，軸のラベルは文字列なので，クオーテーションマークで囲むのを忘れないようにしましょう。

```
plt.plot(year, temperature) # 点の集合を描画した折れ線グラフを作成
plt.xlabel('Year') # 横軸の名前をYearとする
plt.ylabel('Temperature (℃)') # 縦軸の名前をTemperature (℃)とする
plt.show() # 作成したグラフを出力する
```

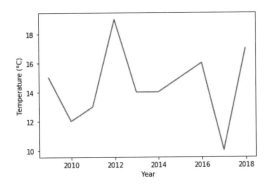

■ 1.4.5　オプションを駆使して美しいグラフを作る

　`plt.plot` や `plt.scatter` だけでなく，`plt.xticks` や `plt.xlabel` などにも，フォントやフォントサイズ等を変えるオプションがあります。これらを用いて，雑誌論文に載せられるレベルの美しいグラフを作ってみましょう。

　また，グラフを保存したいときには，`plt.savefig` というコマンドを用います。この際，`plt.subplots_adjust` というコマンドで，余白を指定しておくとはみ出さなくて済みます。

```python
# グラフの描画
plt.plot(year, temperature, c = 'b', linewidth = 3)

# 軸の範囲の設定
plt.xlim([2008, 2019]) # 横軸の範囲を2008から2019にする
plt.ylim([9, 20]) # 縦軸の範囲を9から20にする

# 軸の目盛間隔とそのフォントの設定
tick_x = np.arange(2009, 2020, 3) # 2009から2020を超えない範囲で3ずつ増加
tick_y = np.arange(10, 20, 3) # 10から20を超えない範囲で3ずつ増加
plt.xticks(tick_x, fontname = 'Helvetica', fontsize=15) #横軸目盛とフォント指定
plt.yticks(tick_y, fontname = 'Helvetica', fontsize=15) #縦軸目盛とフォント指定

# 軸ラベルとそのフォントを設定
plt.xlabel('Year', fontname = 'Helvetica', fontsize=18)
plt.ylabel('Temperature (℃)', fontname = 'Helvetica', fontsize=18)

# 上下左右の余白を指定する（ここでは，全ての端に15%ずつの余白を指定）
plt.subplots_adjust(left=0.15, right=0.85, bottom=0.15, top=0.85)

# 作成したグラフを保存する（PNG形式，解像度は300 dots per inch）
plt.savefig('temperature.png', format='png', dpi=300)

# 作成したグラフを出力する
```

```
plt.show()
```

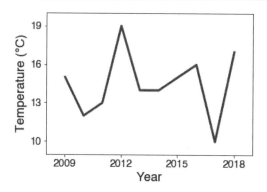

　ご覧の通り，プロフェッショナルに見える図になったと思います。主に気をつけたのは，以下のような点です。

- グラフの線は太めにすること
- 軸のラベルのフォントは Arial または Helvetica とすること
- 軸のラベルの文字は大きめにすること

　これよりも複雑なことをしたい場合は，PowerPoint や illustrator などを使ってきちんと整形するのがオススメです。

1.5 | 見やすく解析結果をまとめる方法

　最後に本節では，ipynb 形式で解析を進める際に，プログラムや実行結果を見やすくまとめる方法についてご紹介します。

■ 1.5.1 Markdown セルを挿入する

　Markdown セルは，コメント行では足りないような，プログラムについての説明や注釈を入れるためのセルです。Markdown セルでは，たとえばハッシュ記号（#）を打つと見出しになったり，アスタリスク（*）を入れると斜体や太字になったりします。詳しくは，インターネットで「Markdown　記法」と検索すると，色々と使い方が出てきます[*9]。

[*9]　参考ウェブサイト：Qiita「Markdown 記法サンプル集」（記事作成者：@tbpgr，てぃーびー）https://qiita.com/tbpgr/items/989c6badefff69377da7（2023–12–21 閲覧）

Markdown セルを入れるには

- Jupyter Notebook の場合：セルにカーソルが合っている状態で，上のメニューバーで「Code」と書いてあるところを「Markdown」に変える。あるいは，esc キーを押してから M キーを押す。
- Google Colab の場合：上のメニューバーで「+テキスト」をクリックする。

■ 1.5.2 html 形式や pdf 形式で出力する

Markdown を付け加えた解析プログラムは，html 形式または pdf 形式に書き出して保存しておくと，ブラウザ等で解析の流れを簡単に見返すことができて便利です。ただし，**html 形式や pdf 形式のファイルを直接編集するのは困難なので**，編集可能な ipynb 形式のほうも，それとは別に随時保存しておくことを忘れないでください。

ipynb 形式を html 形式や pdf 形式として書き出すには

- Jupyter Notebook の場合：Jupyter Notebook 内にある（ウェブブラウザの内側！）左上のメニューバー（図 1.3）の「File > Download as」から，html または pdf を選択する。
- Google Colab の場合：「ファイル > 印刷」を選択し，プリンターの設定画面が出たら左下のほうのメニューで「プレビューで開く」を選び，プレビューで pdf 形式に保存する（Safari で不具合が報告されているので，Google Chrome 推奨）。

■ 1.5.3 スライドにまとめて「研究日記」にする

たとえばあなたが大学生や大学院生で，研究室の指導教員などに解析結果を持って行く際には，ipynb 形式のまま，あるいは上記で紹介したような html や pdf 形式で持って行くのは，必ずしも望ましくはありません。指導教員は，よほど研究室に入ったばかりの学生等でない場合，コードを 1 行 1 行チェックしてあげる時間はないからです。

ではどうするのかというと，作った図を **PowerPoint・Keynote・Google** スライドなどに貼りつけて，何をやったかの説明や自分なりの考察を，図の横に文章で加えたものを持って行くとよいです。考察というと難しく考えてしまうかもしれませんが，「あなたがその図を見て何を感じたか」という感想でも最初は大丈夫です。「蛇みたいに曲がっている」とか，そういう幼稚な感想文から始めてもよいのです。

図と自分の考えをセットにして，スライドに保存しておく癖をつけるとよいでしょう。そのようなスライドがたくさん溜まると，それがあなたの「研究日記」となります（図 1.5）。そしてそれを用いると，指導教員との相談，あるいは発表や論文執筆などで必要な際に，自分が過去に作った図を振り返りやすくなります（著者は研究者になってからも，1 つの研究テーマごとに 1 つの Keynote ファイルを作り，この方法で

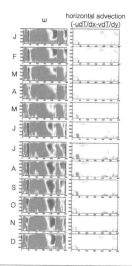

ω   horizontal advection
         (-udT/dx-vdT/dy)

meridional mean

下層はhorizontal advection
で冷えている

上空は山岳波のかき混ぜで
冷えているのではないか

図 1.5 著者の研究日記の例

解析結果をまとめています)。

1.6 | 章 末 問 題

A 問題. 次の行列 A について，NumPy を用いてその転置行列との積 $AA^{\top}$ と $A^{\top}A$
を求めてください。

$$A = \begin{pmatrix} 3 & 2 & 4 \\ 4 & 2 & 5 \\ 7 & 2 & 9 \end{pmatrix}$$

B 問題. あなたの趣味等に関する自由なデータについて好きなグラフを作ってくだ
さい。本文中の図の例のように，数字を直接打ち込んでよいです。

C 問題. ファイル（.csv や.txt など）を読み込む方法を自分でインターネット検
索などで調べて，インターネット上に落ちている（あるいは自分で作成した）適当な
データファイルを読み込み，同様に好きなグラフを作ってください。

（ヒント：.txt や.csv を読み込むには，色々な方法があります。自分の好きな方

法を探してみてください。本書でも，第 3 章に NumPy モジュールを用いたファイル読み込み方法を紹介していますが，これが唯一の方法ではありません。特に，.csv を読み込む場合は pandas というモジュールを使うのもオススメですが，様々な教科書やウェブサイトで紹介されているので，本書では扱いません。）

D 問題. 海鮮丼チェーン「丼九」では，640 円で海鮮丼の並盛りを年中無休で提供しています。また，節分の日は恵方巻きを 540 円で提供しています。ただし，YYYYMMDD で日付を表したときに，9 のつく日は「9 の個数×30 円」だけ海鮮丼も恵方巻きも値引になります（たとえば 1996 年 2 月 29 日の海鮮丼は 550 円）。いま，1979 年から 2021 年まで，海鮮丼の並盛り（節分の日は恵方巻きも食べたくなるので追加）を 1 日 1 つ買い続けたらいくらになるかを計算するプログラムを Python で書き，金額を答えてください。

（ヒント：for 文や if 文などの文法を自分で調べて，プログラムを完成させてください。）

E 問題. 過去の好きな台風を選び，気象庁の「台風位置表」（CSV ファイル）をダウンロードしてください[10]。次に，横軸を経度，縦軸を緯度としたグラフに，進路を図示してください。

（ヒント：各時刻の経度の入ったベクトルと，各時刻の緯度の入ったベクトルをそれぞれ用意し，折れ線グラフを描いてみましょう。なお，これを日本地図に重ねる方法は，第 10 章で勉強します。）

---

[10] 参考ウェブサイト：気象庁「台風位置表」https://www.data.jma.go.jp/yoho/typhoon/position_table/index.html （2023–12–21 閲覧）

2 気象データ（時間変化する2次元場）の描画

　本章では，平面内の各点において各時刻につき1つの値をもつようなデータ（時間変化する2次元場）の描画方法を学んでいきましょう。特に本書では，大気の対流活動の発生や維持等に重要な海面水温のデータを説明に用います。ただし，地表気圧や降水量データなど，時間変化する2次元場であれば，同じ方法で描画することができます（章末C問題など参照）。

2.1 | 海面水温（SST）についての背景知識

　気象学は，海面（地面）の上に置かれた空気のふるまいを理解する学問です。それゆえ，海面水温（**sea surface temperature; SST**）は気象学においてとても基礎的な量

気象学において海面水温はとても基礎的な量

気象学=海面（地面）の上に置かれた空気のふるまいを理解する学問

鍋でお湯を沸かすとき，鍋の温度が重要なのと同じ

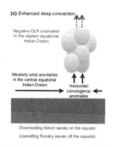

図 2.1　海面水温は基礎的な量（左図は Kohyama and Tozuka, 2016[*1] より）

[*1] Kohyama, T. and Tozuka, T. (2016). Seasonal variability of the relationship between SST and OLR in the Indian Ocean and its implications for initialization in a CGCM with SST nudging. *J. Oceanogr.*, **72**, 327–337.

です。これは，鍋でお湯を沸かすとき，鍋の温度が重要であることと似たようなものかもしれません（図 2.1）。

それゆえ本書では，データ解析手法の説明をする際に海面水温のデータをとても頻繁に用います。たとえば第 4 章では「エルニーニョ現象発生時は，平年よりもどこの海面水温が暖かくなっているか？」について調べます。また第 6 章では，赤道東太平洋の海面水温を用いて，エルニーニョ現象の指数を計算します。

2.2 | ファイルの入力と変数の中身の確認

まず，ファイルを入力して，海面水温データの中身を確認します。本節では Jupyter Notebook 上でのやり方を説明しているので，Google Colab を使っている方は，巻末付録 A.2 節の「ファイルの入力」もあわせて参照してください。

■ 2.2.1 モジュールをインポートする

前章で説明した numpy と matplotlib.pyplot は，本書で出てくるプログラムではほぼ必ず使うのでインポートする癖をつけておいていいと思います。

```
import numpy as np
import matplotlib.pyplot as plt
from matplotlib.colors import Normalize # カラーバーの描画に用いる
```

■ 2.2.2 海面水温の .npz ファイルをダウンロードする

.npz ファイルという NumPy 用の保存フォーマットがあります。今回は，著者が使いやすいように事前に加工しておいた .npz ファイル（sst_OISST.npz）から，海面水温のデータ[*2)] を入力します。

データは，朝倉書店ウェブサイトの本書のページにアクセスし，「コンテンツダウンロード」からデータリンク集のファイル（Kohyama2024_DataLink.txt）をダウンロードし，そこに書かれている URL からダウンロードしてください。ダウンロードしたデータは，いま編集している .ipynb ファイルと同じディレクトリ（フォルダ）に置いておきましょう。

ここで必要なデータ：sst_OISST.npz

[*2)] 米国海洋大気庁 OISST V2 データセット, Reynolds, R. W., Rayner, N. A., Smith, T. M., Stokes, D. C. and Wang, W. (2002). An improved in situ and satellite SST analysis for climate., *J. Climate*, **15**(13), 1609–1625. https://www.esrl.noaa.gov/psd/data/gridded/data.noaa.oisst.v2.html（2023–12–21 閲覧）

なお，気象データによく用いられる netCDF フォーマット（拡張子「.nc」）のデータを .npz ファイルに加工する方法については，巻末付録 B を参照してください。

■2.2.3　海面水温ファイルを入力する

.npz ファイルを入力するには，np.load というコマンドを使います。

このとき，入力ファイル名を loadfile という変数に入れておくと便利です（クオーテーションで囲った文字は，文字列として変数に代入することができます）。

```
loadfile = 'sst_OISST.npz' # 入力ファイル名をloadfileという変数に入れておく
sst_dataset = np.load(loadfile) # データセットはまずデータセットごと入力
```

データセットの中身を確認するには，sst_dataset.files と書けばよいです。

```
sst_dataset.files
```

['sst', 'lon2', 'lat2', 'y', 'm']

このデータセットには，sst, lon2, lat2, y, m という 5 つの変数（配列）が格納されていることがわかりました。データセットに保存された中身を，それぞれ同じ名前の変数を新しく作って取り出しておきましょう。

```
# 海面水温(sea surface temperature)を変数sstに保存
sst = sst_dataset['sst']

# 経度(longitude)を変数lon2に保存（2は「2次元配列」の意味）
lon2 = sst_dataset['lon2']

# 緯度(latitude)を変数lat2に保存
lat2 = sst_dataset['lat2']

# 年(year)を変数yに保存
y = sst_dataset['y']

# 月(month)を変数mに保存
m = sst_dataset['m']
```

これで，sst, lon2, lat2, y, m という 5 つの変数は全て読み込めたので，sst_dataset というデータセットは用済みになりました。以降，これらの変数の中身を描画していきます。

■2.2.4　変数一覧の確認

コマンド whos を使うことで，保存されている変数一覧を見ることができます。

特に配列に関しては，サイズも確認しておきましょう。たとえば，360x180 と書い

てあったら，360 行 180 列の行列です．456 と書いてあったら，456 成分をもつベクトルです．

```
whos
```

```
Variable    Type     Data/Info
--------------------------------
Normalize   type     <class 'matplotlib.colors.Normalize'>
lat2        ndarray  360x180: 64800 elems, type `float64`, 518400 bytes (506.25 kb)
loadfile    str      sst_OISST.npz
lon2        ndarray  360x180: 64800 elems, type `float64`, 518400 bytes (506.25 kb)
m           ndarray  456: 456 elems, type `float64`, 3648 bytes
np          module   <module 'numpy' from '//a<...>kages/numpy/__init__.py'>
plt         module   <module 'matplotlib.pyplo<...>es/matplotlib/pyplot.py'>
sst         ndarray  360x180x456: 29548800 elems, type `float64`, 236390400 bytes
                     (225.439453125 Mb)
sst_dataset NpzFile  <numpy.lib.npyio.NpzFile object at 0x1176a9978>
y           ndarray  456: 456 elems, type `float64`, 3648 bytes
```

2.3 | 変数の中身の確認

■ 2.3.1 経度と緯度

まず，経度と緯度の変数について，中身を確認しておきます．whos で確認した通り，**変数 lon2 と lat2 は 360 行 180 列の行列です．**

この SST データセットは，経度各 1 度ごと，緯度各 1 度の格子点ごとに海面水温の値が格納されています（図 2.2）．**360 と 180** というのは，それぞれ経度と緯度方向の格子点の数に対応しています（経度は東経 0～180 度，西経 0～180 度なので全部で 360 個．緯度は北緯 0～90 度，南緯 0～90 度なので全部で 180 個です）．

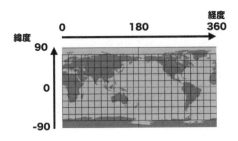

図 2.2 空間方向のサイズは，経度各 1 度ごと，緯度各 1 度の格子点ごとで 360×180（地図画像は「世界地図を作ろう」[*3] より）

lon2 と **lat2** は，それぞれ各格子点における経度と緯度の値が入っている行列です。ただし，**2** 点ほど注意があります。

- **lon2** は標準子午線から東に測った一般角で定義されているので，西経は 180〜360 の実数で表されている（たとえば，西経 170 度は **lon2** では 190，西経 60 度は **lon2** では 300 に対応）。
- **lat2** は赤道から南北に測った一般角で定義されているので，南緯は −90〜0 の実数で表されている（たとえば，南緯 30 度は **lat2** では −30）。

では，実際に中身を確かめてみましょう。

---

lon2

```
array([[  0.5,   0.5,   0.5, ...,   0.5,   0.5,   0.5],
       [  1.5,   1.5,   1.5, ...,   1.5,   1.5,   1.5],
       [  2.5,   2.5,   2.5, ...,   2.5,   2.5,   2.5],
       ...,
       [357.5, 357.5, 357.5, ..., 357.5, 357.5, 357.5],
       [358.5, 358.5, 358.5, ..., 358.5, 358.5, 358.5],
       [359.5, 359.5, 359.5, ..., 359.5, 359.5, 359.5]])
```

---

lat2

```
array([[ 89.5,  88.5,  87.5, ..., -87.5, -88.5, -89.5],
       [ 89.5,  88.5,  87.5, ..., -87.5, -88.5, -89.5],
       [ 89.5,  88.5,  87.5, ..., -87.5, -88.5, -89.5],
       ...,
       [ 89.5,  88.5,  87.5, ..., -87.5, -88.5, -89.5],
       [ 89.5,  88.5,  87.5, ..., -87.5, -88.5, -89.5],
       [ 89.5,  88.5,  87.5, ..., -87.5, -88.5, -89.5]])
```

このデータセットでは，地球上の緯度経度メッシュにおける各格子点の真ん中（たとえば，1 度と 2 度の間のデータは 1.5 度の場所）に，データが割り当てられていることがわかります。

また，行列にはデータが少し変な向きで入っていますが，向きを意識して使うことはほとんどありません（図 2.3）。

■ 2.3.2 年と月

次に，年と月の変数について，中身を確認します。**変数 y と m は，どちらも 456 行をもつベクトル**です。

[*3] 世界地図を作ろう「正距円筒図法」http://atlas.cdx.jp/projection/prj12.htm （2023–12–21 閲覧）

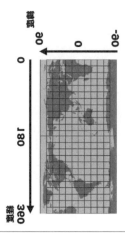

図 2.3 実際のデータが入っている向き

　この SST データセットは，1982 年から 2019 年について，各月の平均海面水温の値が格納されています（1982 年から 2019 年の 38 年間について 12 ヶ月なので，38 × 12 = 456 ヶ月分です）。y と m は，それぞれ各タイムステップにおける年と月の値が入っているベクトルです。

y

```
array([1982., 1982., 1982., 1982., 1982., 1982., 1982., 1982., 1982.,
       1982., 1982., 1982., 1983., 1983., 1983., 1983., 1983., 1983.,
       1983., 1983., 1983., 1983., 1983., 1983., 1984., 1984., 1984.,
       1984., 1984., 1984., 1984., 1984., 1984., 1984., 1984., 1984.,
       1985., 1985., 1985., 1985., 1985., 1985., 1985., 1985., 1985.,
       1985., 1985., 1985., 1986., 1986., 1986., 1986., 1986., 1986.,
       1986., 1986., 1986., 1986., 1986., 1986., 1987., 1987., 1987.,
       1987., 1987., 1987., 1987., 1987., 1987., 1987., 1987., 1987.,
       1988., 1988., 1988., 1988., 1988., 1988., 1988., 1988., 1988.,
       1988., 1988., 1988., 1989., 1989., 1989., 1989., 1989., 1989.,
       1989., 1989., 1989., 1989., 1989., 1989., 1990., 1990., 1990.,
       1990., 1990., 1990., 1990., 1990., 1990., 1990., 1990., 1990.,
       1991., 1991., 1991., 1991., 1991., 1991., 1991., 1991., 1991.,
       1991., 1991., 1991., 1992., 1992., 1992., 1992., 1992., 1992.,
       1992., 1992., 1992., 1992., 1992., 1992., 1993., 1993., 1993.,
       1993., 1993., 1993., 1993., 1993., 1993., 1993., 1993., 1993.,
       1994., 1994., 1994., 1994., 1994., 1994., 1994., 1994., 1994.,
       1994., 1994., 1994., 1995., 1995., 1995., 1995., 1995., 1995.,
       1995., 1995., 1995., 1995., 1995., 1995., 1996., 1996., 1996.,
       1996., 1996., 1996., 1996., 1996., 1996., 1996., 1996., 1996.,
       1997., 1997., 1997., 1997., 1997., 1997., 1997., 1997., 1997.,
       1997., 1997., 1997., 1998., 1998., 1998., 1998., 1998., 1998.,
```

```
   1998., 1998., 1998., 1998., 1998., 1998., 1999., 1999., 1999.,
   1999., 1999., 1999., 1999., 1999., 1999., 1999., 1999., 1999.,
   2000., 2000., 2000., 2000., 2000., 2000., 2000., 2000., 2000.,
   2000., 2000., 2000., 2001., 2001., 2001., 2001., 2001., 2001.,
   2001., 2001., 2001., 2001., 2001., 2001., 2002., 2002., 2002.,
   2002., 2002., 2002., 2002., 2002., 2002., 2002., 2002., 2002.,
   2003., 2003., 2003., 2003., 2003., 2003., 2003., 2003., 2003.,
   2003., 2003., 2003., 2004., 2004., 2004., 2004., 2004., 2004.,
   2004., 2004., 2004., 2004., 2004., 2004., 2005., 2005., 2005.,
   2005., 2005., 2005., 2005., 2005., 2005., 2005., 2005., 2005.,
   2006., 2006., 2006., 2006., 2006., 2006., 2006., 2006., 2006.,
   2006., 2006., 2006., 2007., 2007., 2007., 2007., 2007., 2007.,
   2007., 2007., 2007., 2007., 2007., 2007., 2008., 2008., 2008.,
   2008., 2008., 2008., 2008., 2008., 2008., 2008., 2008., 2008.,
   2009., 2009., 2009., 2009., 2009., 2009., 2009., 2009., 2009.,
   2009., 2009., 2009., 2010., 2010., 2010., 2010., 2010., 2010.,
   2010., 2010., 2010., 2010., 2010., 2010., 2011., 2011., 2011.,
   2011., 2011., 2011., 2011., 2011., 2011., 2011., 2011., 2011.,
   2012., 2012., 2012., 2012., 2012., 2012., 2012., 2012., 2012.,
   2012., 2012., 2012., 2013., 2013., 2013., 2013., 2013., 2013.,
   2013., 2013., 2013., 2013., 2013., 2013., 2014., 2014., 2014.,
   2014., 2014., 2014., 2014., 2014., 2014., 2014., 2014., 2014.,
   2015., 2015., 2015., 2015., 2015., 2015., 2015., 2015., 2015.,
   2015., 2015., 2015., 2016., 2016., 2016., 2016., 2016., 2016.,
   2016., 2016., 2016., 2016., 2016., 2016., 2017., 2017., 2017.,
   2017., 2017., 2017., 2017., 2017., 2017., 2017., 2017., 2017.,
   2018., 2018., 2018., 2018., 2018., 2018., 2018., 2018., 2018.,
   2018., 2018., 2018., 2019., 2019., 2019., 2019., 2019., 2019.,
   2019., 2019., 2019., 2019., 2019., 2019.])
```

m

```
array([ 1.,   2.,   3.,   4.,   5.,   6.,   7.,   8.,   9.,  10.,  11.,  12.,   1.,
        2.,   3.,   4.,   5.,   6.,   7.,   8.,   9.,  10.,  11.,  12.,   1.,   2.,
        3.,   4.,   5.,   6.,   7.,   8.,   9.,  10.,  11.,  12.,   1.,   2.,   3.,
        4.,   5.,   6.,   7.,   8.,   9.,  10.,  11.,  12.,   1.,   2.,   3.,   4.,
        5.,   6.,   7.,   8.,   9.,  10.,  11.,  12.,   1.,   2.,   3.,   4.,   5.,
        6.,   7.,   8.,   9.,  10.,  11.,  12.,   1.,   2.,   3.,   4.,   5.,   6.,
        7.,   8.,   9.,  10.,  11.,  12.,   1.,   2.,   3.,   4.,   5.,   6.,   7.,
        8.,   9.,  10.,  11.,  12.,   1.,   2.,   3.,   4.,   5.,   6.,   7.,   8.,
        9.,  10.,  11.,  12.,   1.,   2.,   3.,   4.,   5.,   6.,   7.,   8.,   9.,
       10.,  11.,  12.,   1.,   2.,   3.,   4.,   5.,   6.,   7.,   8.,   9.,  10.,
       11.,  12.,   1.,   2.,   3.,   4.,   5.,   6.,   7.,   8.,   9.,  10.,  11.,
       12.,   1.,   2.,   3.,   4.,   5.,   6.,   7.,   8.,   9.,  10.,  11.,  12.,
        1.,   2.,   3.,   4.,   5.,   6.,   7.,   8.,   9.,  10.,  11.,  12.,   1.,
        2.,   3.,   4.,   5.,   6.,   7.,   8.,   9.,  10.,  11.,  12.,   1.,   2.,
        3.,   4.,   5.,   6.,   7.,   8.,   9.,  10.,  11.,  12.,   1.,   2.,   3.,
        4.,   5.,   6.,   7.,   8.,   9.,  10.,  11.,  12.,   1.,   2.,   3.,   4.,
        5.,   6.,   7.,   8.,   9.,  10.,  11.,  12.,   1.,   2.,   3.,   4.,   5.,
        6.,   7.,   8.,   9.,  10.,  11.,  12.,   1.,   2.,   3.,   4.,   5.,   6.,
```

```
       7.,  8.,  9., 10., 11., 12.,  1.,  2.,  3.,  4.,  5.,  6.,  7.,
       8.,  9., 10., 11., 12.,  1.,  2.,  3.,  4.,  5.,  6.,  7.,  8.,
       9., 10., 11., 12.,  1.,  2.,  3.,  4.,  5.,  6.,  7.,  8.,  9.,
      10., 11., 12.,  1.,  2.,  3.,  4.,  5.,  6.,  7.,  8.,  9., 10.,
      11., 12.,  1.,  2.,  3.,  4.,  5.,  6.,  7.,  8.,  9., 10., 11.,
      12.,  1.,  2.,  3.,  4.,  5.,  6.,  7.,  8.,  9., 10., 11., 12.,
       1.,  2.,  3.,  4.,  5.,  6.,  7.,  8.,  9., 10., 11., 12.,  1.,
       2.,  3.,  4.,  5.,  6.,  7.,  8.,  9., 10., 11., 12.,  1.,  2.,
       3.,  4.,  5.,  6.,  7.,  8.,  9., 10., 11., 12.,  1.,  2.,  3.,
       4.,  5.,  6.,  7.,  8.,  9., 10., 11., 12.,  1.,  2.,  3.,  4.,
       5.,  6.,  7.,  8.,  9., 10., 11., 12.,  1.,  2.,  3.,  4.,  5.,
       6.,  7.,  8.,  9., 10., 11., 12.,  1.,  2.,  3.,  4.,  5.,  6.,
       7.,  8.,  9., 10., 11., 12.,  1.,  2.,  3.,  4.,  5.,  6.,  7.,
       8.,  9., 10., 11., 12.,  1.,  2.,  3.,  4.,  5.,  6.,  7.,  8.,
       9., 10., 11., 12.,  1.,  2.,  3.,  4.,  5.,  6.,  7.,  8.,  9.,
      10., 11., 12.,  1.,  2.,  3.,  4.,  5.,  6.,  7.,  8.,  9., 10.,
      11., 12.,  1.,  2.,  3.,  4.,  5.,  6.,  7.,  8.,  9., 10., 11.,
      12.])
```

■2.3.3 海面水温（SST）

3 次元配列（行列を何枚も重ねたものというイメージでよい）である **sst** には，**360 × 180** 個の各格子点における **456 ヶ月分の月平均海面水温（sea surface temperature; SST）** の値が単位°**C** で入っています。配列の大きさは 360 × 180 × 456 で，1 番目の次元が経度（東西）方向，2 番目の次元が緯度（南北）方向。3 番目の次元が時間方向です（図 2.4）。

全部を出力すると大変なことになるので，ここでは 1982 年 1 月のデータを出力してみます。

```
sst[:, :, 0] #1982年1月は一番最初の時刻なので，3次元目の0番目を見てみる
```

```
array([[-1.78999996, -1.78999996, -1.77999997, ...,          nan,
                 nan,         nan],
       [-1.78999996, -1.78999996, -1.77999997, ...,          nan,
                 nan,         nan],
       [-1.78999996, -1.78999996, -1.77999997, ...,          nan,
                 nan,         nan],
       ...,
       [-1.78999996, -1.78999996, -1.78999996, ...,          nan,
                 nan,         nan],
       [-1.78999996, -1.78999996, -1.78999996, ...,          nan,
                 nan,         nan],
       [-1.78999996, -1.78999996, -1.78999996, ...,          nan,
                 nan,         nan]]])
```

ここで，**nan** は **Not a Number（NaN）** を表しており，「未定義値」の意味で使われ

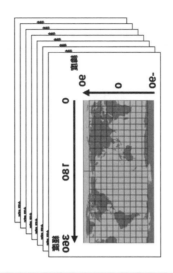

図 2.4 海面水温のデータの構造イメージ

ています。このデータは海面水温なので，海の格子点にしか数字は入っておらず，陸の格子点には nan が入っています。

2.4 │ ある月の海面水温を描画してみる

それでは，1997 年 12 月の海面水温分布を地図上に描画してみましょう。1997 年 12 月は，大きなエルニーニョ現象があった年です（第 4 章以降で詳述）。

色付きの等高線を描くには，plt.contourf というコマンドを使います。plt.contourf については，とりあえず以下の機能があれば当分困らないと思いますが，適宜インターネットで検索しながら使い方を覚えてください。

```
# 描画したい年・月を変数に入れておく
draw_year = 1997
draw_month = 12

# vminはカラーバーの下限，vmaxはカラーバーの上限，vintはカラーバーの間隔
vmin = -5
vmax = 35
vint = 5

# 深い青から深い赤に向かうカラーバーを指定
cm = plt.get_cmap('seismic')
```

```
# 色で塗られた等高線を描く
# (とりあえず書き写すだけでよいので，そのうち少しずつ意味を理解してください)
cs = plt.contourf(lon2, lat2, \
                  np.squeeze(sst[:, :, (y==draw_year)*(m==draw_month)]), \
                  cmap=cm, norm=Normalize(vmin=vmin, vmax=vmax),\
                  levels=np.arange(vmin,vmax+vint,vint), extend='both')
# \はプログラムが長いときに用いる改行なので，1行で書くなら必要なし
# np.squeezeは，360x180x1の配列を360x180の配列として認識させるための関数

plt.colorbar(cs) # カラーバーをつける
plt.xlabel('Longitude') # 横軸のラベル
plt.ylabel('Latitude') # 縦軸のラベル
plt.xlim(0, 360) # 横軸の範囲
plt.ylim(-90, 90) # 縦軸の範囲

# タイトルの文字列をtitleに代入。strは，数字を文字列に直している
title = str(draw_year) + '/' + str(draw_month)
plt.title(title) # タイトルをつける

plt.show() # ここまでの条件で描画（セル末尾の実行のみ省略可能）
```

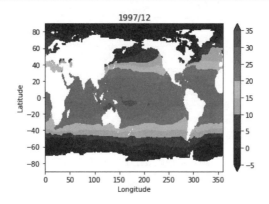

2.5 | 章 末 問 題

A 問題. 次の指示に従って，海面水温の図を 1 つ以上作成してください。

A-1. 好きな年の好きな月を選んでください。

A-2. plt.xlim，plt.ylim の値を調整することによって，地球上で着目したい領域の海面水温の図を描いてください。

A-3. 'seismic' 以外のカラーバーについてインターネットで検索して，カラーバーの色や数字の範囲を，海面水温分布の特徴が見やすいように変えてみてください。

B 問題. sst[:, :, (y==draw_year)*(m==draw_month)] の意味についての次の問いに答えてください。

B-1. 行列 A, B を,

$$A = \begin{pmatrix} 1 & 2 & 4 \\ 4 & 3 & 5 \\ 6 & 2 & 9 \end{pmatrix}$$

$$B = \begin{pmatrix} 5 & 5 & 4 \end{pmatrix}$$

と定義するとき, B==4, A[:, B==4] の実行結果をそれぞれ確かめましょう。

B-2. B-1. の結果を踏まえて, sst[:, :, (y==draw_year)*(m==draw_month)] で, draw_year, draw_month で指定した年と月の海面水温データを含む行列が取り出せる理由を簡単に説明してください。

（ヒント：True は 1, False は 0 だと思って, 各成分ごとに掛け算すると, 唯一 True になる年月はどこでしょうか？）

C 問題. 2019 年 10 月 12 日の気象データ (msm_20191012.npz) の中の surface_pressure（地表気圧；単位 Pa）を, 適切な時刻について描画することで, 令和元年台風第 19 号 (Hagibis) の様子が見やすい図を作成してください。また, ほかの変数（temperature（気温；単位 K）, humidity（湿度；単位%）, rain1h（1 時間降水量；単位 mm/h）, cloud（雲量；単位%)）についても, 1 つ以上好きなものを選んで色々な図を描いて遊んでみてください。

ここで必要なデータ：msm_20191012.npz

（海面水温データと同じように, 朝倉書店ウェブサイトのデータリンク集からダウンロードしてください。）

（ヒント：この .npz データには, 年を表す y, 月を表す m のほかに, 日を表す d, 時刻（世界標準時）を表す h が入っていますので, うまく利用してください。また, contourf の代わりに contour を用いると, 塗りつぶしなしの等高線が描けますので, 必要な際には利用してみてください。）

D 問題. C 問題で用いた気象庁の数値予報モデルの一つである MSM による気象デー

タは，京都大学生存圏研究所のウェブサイト*4)において netCDF フォーマットでまとめられています。そのうちの地表面データ（MSM-S）における好きな日付のファイルをダウンロードし，海面更正気圧，地上気圧，東西風（地上 10 m），南北風（地上 10 m），気温（地上 1.5 m），相対湿度（地上 1.5 m），上層雲量，中層雲量，下層雲量，全雲量の中から 1 つ以上選び，なんらかの現象に注目した図を描いてみてください。

（ヒント：巻末付録 B.6 節の「まとめに代えて：MSM データの読み込みに挑戦」を参照してください。）

---

*4)　京都大学生存圏研究所「NetCDF 化した数値予報 GPV データ」http://database.rish.kyoto-u.ac.jp/arch/jmadata/gpv-netcdf.html（2023–12–21 閲覧）

3 気候値（平年値）の計算

本章では，季節変動に関する解析方法を学びます。特に，気候値と呼ばれる量の定義を学ぶことで，「毎年○○月にはこうなる」を定量的に解析できるようになるのが目標です。

3.1 気候値に関する背景知識

■ 3.1.1 季節変動

季節変動（seasonal variability）は，多くの気象データの中で最も卓越する変動です。たとえば東京の気温をそのままプロットすると，図 3.1 のようになります。

気象データ解析において，このような季節変動に注目するモチベーションは，主に以下の 2 つです。

- 季節変動自体の性質を理解する（第 3 章）。たとえば，春と秋にはどのような違いがあるのかを考察する。

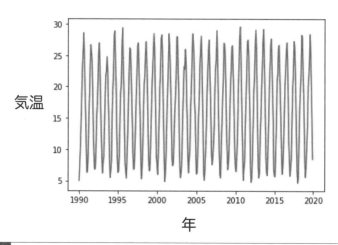

図 3.1 東京の気温

- 季節変動を除去して，解析する（第4章）。たとえば，寒冬と暖冬ではどのような違いがあるのかを考察する。

■3.1.2 気候値の定義

本章では，気象データから季節変動を抽出するための基本的な解析方法として，**気候値（climatology）**の計算の仕方を学びます。

月別気候値（monthly climatology）とは，ある程度長い期間（たとえば30年）について，月別に平均をとった値のことです。天気予報などでたまに聞く「8月は平年と比べて暑かった」などというときの「8月の平年の値」は，8月気候値のことです。

1981年から2010年の30年間における1月気温の気候値を計算するには，

$$1月気温の気候値 = \frac{1981年1月気温 + 1982年1月気温 + \cdots + 2010年1月気温}{30}$$

のように，30年分の1月についての気温の平均をとればよいです。同様に2月，3月，...と計算していくと，12ヶ月分の気候値を計算できます。

気象庁の用語で，「西暦年の一の位が1の年から29年後の一の位が0の年までの，30年平均値」として求めた気候値のことを**平年値（climatological normal）**と呼ぶこともあります。この平年値は，10年ごと，西暦年の一の位が1の年に新しいものに更新されます。

■3.1.3 「毎年○○月にはこうなる」を知る

気候値がわかると，「毎年○○月には△△が起こる」を定量的に知ることができます。たとえば，**雨温図**（気温と雨の気候値をグラフで記したもの）は，地理の大学入試や旅行ガイドに頻出です（図3.2）。

また，季節変動するのは気象データに限った話ではありません。たとえば，夏が来るとTシャツの売り上げが増えるでしょうし，アイスクリームの消費量も増えるでしょう。その意味で，気象データに限らず，経済活動などの社会科学データにおいても，季節変動の影響を受けるデータには気候値の考え方を適用可能です。

さらに季節変動以外にも，曜日変化など「卓越した周期的変動」は季節変動と同様の解析が可能です。たとえば2020年代前半に生じたコロナ禍において，我が国における新型コロナウイルス感染報告数は，「木曜日に大きく月曜日に小さい」傾向にありました。これは，週末には病院に行く人間が少なかったことによるものと考えられますが，このような周期的変動を調べたり除去したりするためにも，この章で学ぶ解析手法が適用できます。

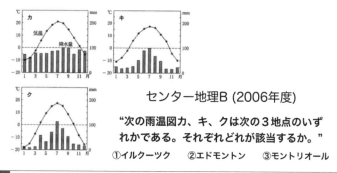

センター地理B (2006年度)

"次の雨温図カ、キ、クは次の3地点のいずれかである。それぞれどれが該当するか。"

①イルクーツク　②エドモントン　③モントリオール

図 3.2 2006 年度大学入試センター試験（現・大学入学共通テスト）地理 B に出題された雨温図

3.2 気候値を計算する準備

■ 3.2.1 モジュールのインポート

ここからは具体的なプログラミングに入ります。まず，本章で使うモジュールをインポートします。

```
import numpy as np
import matplotlib.pyplot as plt
from matplotlib.colors import Normalize # カラーバーの描画に用いる
```

■ 3.2.2 行列の平均をとる

本章では，行列の平均をとる操作を行いますので，その方法を見ていきましょう。まず，適当な行列 A を定義します。

```
A = np.array([[1, 2, 3], [4, 5, 6], [7, 8, 9], [10, 11, 12]]) #行列Aを定義する

A #Aを出力する
```

```
array([[ 1,  2,  3],
       [ 4,  5,  6],
       [ 7,  8,  9],
       [10, 11, 12]])
```

平均操作には np.mean というコマンドを用います。1 つ目の引数には，平均をとりたい行列を書きます。2 つ目の引数には，平均をとりたい方向を数字で指定します。

```
B = np.mean(A, 0) #列方向（配列の1つ目の添字）の平均

B
```

```
array([5.5, 6.5, 7.5])
```

```
C = np.mean(A, 1) #行方向（配列の2つ目の添字）の平均
C
```

```
array([ 2.,   5.,   8., 11.])
```

3.3 | 東京の気温の月別気候値を計算する

本節では，東京の気温の月別気候値を計算してみましょう。

■ 3.3.1 CSV ファイルの読み込み

朝倉書店ウェブサイトの本書のページに置いてあるデータリンク集から，気象庁の
データ[*1] を著者が加工して作った東京の気温データファイル（Tokyo_temp.csv）を
ダウンロードして，現在の .ipynb ファイルと同じディレクトリ（フォルダ）に入れ
てください。

ここで必要なデータ： Tokyo_temp.csv

```
tokyo_temp = np.genfromtxt("Tokyo_temp.csv",  # ファイルのパスを書く
              delimiter=",",    # 区切り文字
              usecols=(0, 1, 2) # 読み込みたい列番号
              )

tokyo_temp
```

```
array([[1.872e+03, 1.000e+00,       nan],
       [1.872e+03, 2.000e+00,       nan],
       [1.872e+03, 3.000e+00,       nan],
       ...,
       [2.020e+03, 7.000e+00, 2.430e+01],
       [2.020e+03, 8.000e+00, 2.910e+01],
       [2.020e+03, 9.000e+00, 2.770e+01]])
```

配列 tokyo_temp の中には，1列目に年，2列目に月，3列目にその月の平均気温が
格納されています。これらの各列を，わかりやすいように別々な配列に入れておきま
しょう。

[*1] 気象庁「過去の気象データ・ダウンロード」https://www.data.jma.go.jp/gmd/risk/obsdl
/index.php（2023–12–21 閲覧）

```
y = tokyo_temp[:, 0]
m = tokyo_temp[:, 1]
temp = tokyo_temp[:, 2]
```

試しに，約 1750 ヶ月分の月平均気温をそのまま描画してみましょう。

```
plt.plot(temp)
plt.show()
```

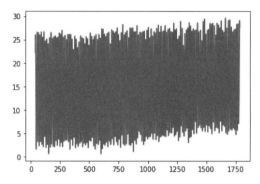

なんとなく，東京の気温が温暖化や都市化（ヒートアイランド）によって高くなっているのが見えますね。

■ 3.3.2　気候値を計算する

それではいよいよ，東京の気温の月別気候値を計算してみましょう。以下，いくつか注意事項を述べます。

- np.zeros は，指定したサイズで，中身が全てゼロの配列を作るコマンド。
- for mm in range(1, 13) は，**mm** という変数を 1 から順に **1** ずつ増やしていき，**13** を超える直前まで，インデント（字下げ）された操作を繰り返すコマンド。C 言語や Fortran と違って，Python ではインデントが重要になるので気をつける。インデントには，キーボードの tab キーを用いるとよい（ドラッグして選択した範囲をまとめてインデントすることもできる）。
- np.nanmean は，np.mean とほぼ同じだが，未定義値 nan を無視して平均をとる関数。このデータでは観測が十分正確に行えなかった月のデータには nan が入っている。

```
# 1から12までが順番に入った配列を用意
month = np.arange(1, 13, 1)

# 0で埋められた行列を使って，欲しいサイズの行列を作っておく（初期化）
temp_clim = np.zeros(12)
```

```
# mmが1から12まで繰り返す（mmが13を超えない範囲で1から順に繰り返し）
for mm in range(1, 13):

    # tempのうち，mがmmに等しい成分(m==mmがTrueとなる成分)のみ取り出し，
    # 平均(mean)をとって時間ステップmm-1番目に代入
    temp_clim[mm-1] = np.nanmean(temp[m==mm])
    # 行列ではなくベクトルなので，np.nanmean(temp[m==mm],0)の「,0」は省略可能

# 描画
plt.plot(month, temp_clim)
plt.xticks(month)
plt.show()
```

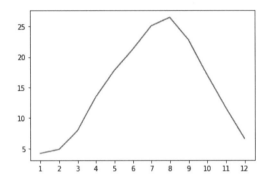

　これが東京の気温の（1872 年から 2020 年のデータから計算した）月別気候値です。
当たり前ではありますが，東京では 1 月，2 月に寒く，7 月，8 月に暖かいことがわか
ります。

3.4 | 海面水温分布の月別気候値を描画する

　同様の考え方で，2 次元場の気候値も書くことができます。2 次元場の気候値は，1
月から 12 月について 12 枚の図が描ければ OK です。

■3.4.1 データセットの読み込み（前章と同じ）
前章と同じ海面水温のデータを読み込みます。

ここで必要なデータ：sst_OISST.npz

```
loadfile = 'sst_OISST.npz' # 入力ファイル名を定義
sst_dataset = np.load(loadfile) # データセットはまずデータセットごと入力する
sst = sst_dataset['sst'] # 海面水温(sea surface temperature)を変数sstに保存
lon2 = sst_dataset['lon2'] # 経度(longitude)を変数lon2に保存
lat2 = sst_dataset['lat2'] # 緯度(latitude)を変数lat2に保存
```

```
y = sst_dataset['y'] # 年(year)を変数yに保存
m = sst_dataset['m'] # 月(month)を変数mに保存
```

■ 3.4.2　海面水温気候値の計算

　早速気候値を計算していきます。海面水温は **2** 次元場なので，東京の気温の例と同じことを地球上の各点全てについて行います（図 **3.3**）。

海面水温(SST)については，地球上の各地点ごとに
東京の気温のときと同じことをやって，地図上に描画
2次元場の気候値の計算

地点A　　地点B
SST気候値　SST気候値

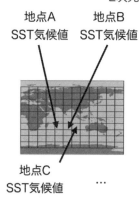
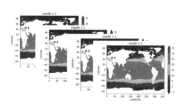

各月の気候値を描画した
地図が12ヶ月分，
つまり12枚できれば良い

地点C
SST気候値　　…

図 3.3　海面水温の気候値の計算（地図画像は「世界地図を作ろう」[2]より）

```
# sstのサイズをそれぞれ変数imt, jmt, tmtに保存
[imt, jmt, tmt] = sst.shape

# 0で埋められた行列を使って，欲しいサイズの行列を作っておく（初期化）
sst_clim = np.zeros((imt, jmt, 12))

# mmが1から12まで繰り返す（mmが13を超えない範囲で1から順に繰り返し）
for mm in range(1, 13):

    # 1次元目（経度），2次元目（緯度）の方向には手をつけない
    # => 「配列の要素全部」という意味でコロンを書いておけばOK
    # 3次元目（時間の方向）について，東京の気温の例と同様に，
    # sstのうちmがmmに等しい成分のみ取り出し，
```

[2]　世界地図を作ろう「正距円筒図法」http://atlas.cdx.jp/projection/prj12.htm（2023–12–21 閲覧）

```
    # 平均(mean)をとって時間ステップmm-1番目に代入
    sst_clim[:, :, mm-1] = np.mean(sst[:, :, m==mm], 2)

# 気候値は次章でも使うので保存しておく
savefile = 'sstc_OISST.npz' #保存するファイルの名前
# sst_climをsst_climという名前で保存。
# lon2をlon2という名前で保存。lat2をlat2という名前で保存。
np.savez(savefile, sst_clim=sst_clim, lon2=lon2, lat2=lat2)
```

■3.4.3 海面水温気候値の描画

　前回勉強した方法を用いて，海面水温の気候値を描画していきます[3]。

```
# vminはカラーバーの下限，vmaxはカラーバーの上限
# vintはカラーバーの間隔
vmin = -5
vmax = 35
vint = 5

# 1月から12月までについて順番に描画
for mm in range(1, 13):

    # カラーバーの色合いの指定
    cm = plt.get_cmap('seismic')

    # mm-1番目の成分（つまり「mm月」の気候値）を描画
    cs = plt.contourf(lon2, lat2, sst_clim[:, :, mm-1], \
                    cmap=cm, norm=Normalize(vmin=vmin, vmax=vmax),\
                    levels=np.arange(vmin,vmax+vint,vint), extend='both')

    plt.colorbar(cs)
    plt.xlabel('Longitude')
    plt.ylabel('Latitude')
    clim_title = 'month = ' + str(mm)
    plt.title(clim_title)
    plt.xlim(0, 360)
    plt.ylim(-90, 90)
    plt.show()
```

---

[3]　実際の図は 1 列ですが，ここでは見やすさのため 2 列で配置しました。

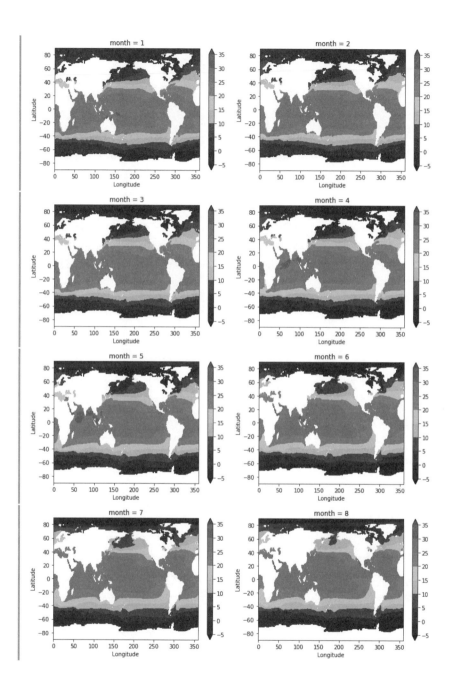

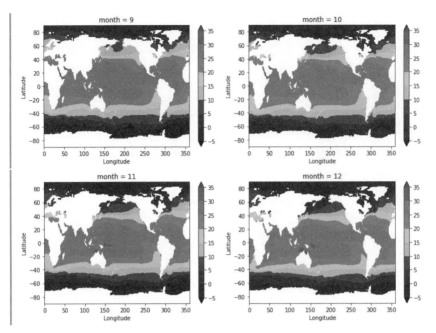

　12 枚の図が描けました！　これらの図は，各月の海面水温気候値を表しています。
少し比べづらいですが，たとえば日本列島のあたりに注目すると，1 月の海面水温
よりも 7 月の海面水温のほうが暖かくなっています。逆に南半球のマダガスカル島で
は，1 月に暖かく，7 月に冷たくなっています。

3.5 ┃ 章 末 問 題

　A 問題. 本文中の東京の気温の例では，100 年以上の期間を全て平均することによっ
て気候値を計算しましたが，普通は気候値を計算するときには 30 年くらいの期間で平
均をとります（気象庁では，30 年平均で平年値を定義し，かつ区切りのよい 10 年ご
とに平年値を更新します）。

　1890 年から 1919 年までの 30 年分のデータを用いて計算された東京の気候値（100
年前の気候値）と，1990 年から 2019 年までのデータを用いて計算された東京の気候
値（現在の気候値）では，どのような違いがあるでしょうか。両方の気候値を同じグ
ラフにプロットする方法をインターネットで調べて，グラフを描画し，考察してみて
ください。

（ヒント：前章の章末 B 問題の応用として，次のように書いてみてください。

```
temp = temp[(1890 <= y)*(y <= 1919)]
m = m[(1890 <= y)*(y <= 1919)]
```

こうすると，(1890 <= y)*(y <= 1919) が True の期間のデータだけ抜き出すことができます。**y** と **m** は東京の気温のデータと海面水温のデータで同じ名前ですが中身が違うので，間違ったほうを使ってしまわないように気をつけてください。この抜き出しがうまくいかない方は，次章 4.2 節も参考にしてみてください。）

B 問題. 1982 年から 1999 年までの平均として計算された 12 月の海面水温気候値と，2000 年から 2019 年までの平均として計算された 12 月の海面水温気候値では，どのような違いがあるでしょうか。2 つの海面水温気候値を描画したのち，その差を計算して描画することによって，簡単に考察してみてください。

（ヒント：差のプロットは，空間分布がわかりやすくなるよう，カラーバーの範囲に気を遣ってみてください。）

C 問題. 気象庁のサイト[*4] から，過去の気象データを CSV ファイルでダウンロードすることができます。好きな観測所（東京以外）の雨温図（気温の月別気候値を折れ線グラフ，月別積算雨量の気候値を棒グラフで表したもの）を作ってください。

（ヒント：表示オプションを選ぶ > ダウンロード，と進みます。CSV ファイルのデータ仕様 のところは，「年月日などに分けて格納」がオススメです。ヘッダー（データの説明が書いてある最初の数行）は，適当なエディタで消してしまうか，ヘッダー行は読み込まない設定で読んでください。）

D 問題. 政府統計の総合窓口（e-Stat）には，様々な商品の生産量のデータが公開されています。我が国のアイスクリーム生産量[*5] にはどのような季節変動が見られるでしょうか。Python を用いて自由に解析し，考察をまとめてください。

[*4] 気象庁「過去の気象データ・ダウンロード」https://www.data.jma.go.jp/gmd/risk/obsdl/index.php（2023–12–21 閲覧）
[*5] 政府統計の総合窓口（e-Stat）https://www.e-stat.go.jp/stat-search/database?query=アイスクリーム（2023–12–21 閲覧）

4 偏差（平年差）の計算

　本章では，「平年より暖かい」「平年より寒い」などの「平年からのずれ」を解析する方法を学びます。特に，偏差と呼ばれる量の定義を学ぶことで，季節変動を除去し，「この年は例年よりも○○が多い／少ない」を定量的に解析できるようになるのが目標です。

4.1 ｜ 偏差に関する背景知識

■ 4.1.1　季節変動の除去

　まず，東京の気温のグラフを再掲します（図 4.1）。前章で学んだように，季節変動は気象データの中で最も卓越する変動ですので，大きすぎる季節変動が入ったままのデータから猛暑・暖冬・冷夏・寒冬などを見つけるのは簡単ではありません。そこで，「大きすぎる季節変動を除去できないか？」と考えていきましょう。

　復習ですが，気象データ解析において，季節変動に注目するモチベーションは，主

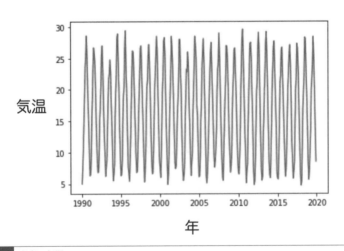

図 4.1　東京の気温

に以下の 2 つです。

- **季節変動自体の性質を理解する**（第 3 章）。たとえば，春と秋にはどのような違いがあるのかを考察する。
- **季節変動を除去して，解析する**（第 4 章）。たとえば，寒冬と暖冬ではどのような違いがあるのかを考察する。

本章では，後者の「季節変動を除去」して解析する方法を学びます。

■ 4.1.2　偏差の定義

本章では，気象データから季節変動を除去するための基本的な解析方法として，偏差（**anomaly**）の計算の仕方を学びます。以下では，月別データの偏差を単に偏差と呼ぶことにしますが，日別データでもやり方は同じです。

偏差とは，元データからその月の気候値を引いた値のことです。気温について偏差を計算すると，**偏差が正の場合は平年よりも暖かい**，**偏差が負の場合は平年より寒い**，という意味になります（その意味で，**平年差**と呼ぶこともあります）。

たとえば，1990 年から 2019 年の 30 年間における偏差を計算するには，まずその30 年の気候値を計算してから，

$$
\begin{aligned}
&1990\ \text{年 1 月気温偏差} &&= 1990\ \text{年 1 月気温} - 1\ \text{月の気候値}\\
&1990\ \text{年 2 月気温偏差} &&= 1990\ \text{年 2 月気温} - 2\ \text{月の気候値}\\
&\qquad\cdots\\
&1990\ \text{年 12 月気温偏差} &&= 1990\ \text{年 12 月気温} - 12\ \text{月の気候値}\\
&1991\ \text{年 1 月気温偏差} &&= 1991\ \text{年 1 月気温} - 1\ \text{月の気候値}\\
&1991\ \text{年 2 月気温偏差} &&= 1991\ \text{年 2 月気温} - 2\ \text{月の気候値}\\
&\qquad\cdots\\
&2019\ \text{年 12 月気温偏差} &&= 2019\ \text{年 12 月気温} - 12\ \text{月の気候値}
\end{aligned}
$$

のようにします。そうすると，「暑かった年」「寒かった年」が一目でわかるようになります（図 4.2）。

■ 4.1.3　「今年は例年のいま頃よりも △△ が多い／少ない」を知る

偏差がわかると，「今年は例年のいま頃よりも △△ が多い／少ない」を定量的に知ることができます。たとえば図 4.3 のように，海面水温偏差が高い場所に色を塗ると，「この海域では例年よりも海面水温が高かったんだな」というのが一目でわかるようになります。特に，例年よりもペルー沖（赤道東太平洋）の海面水温が特に高くなることを，**エルニーニョ現象**（**El Niño event**）と呼びます。

偏差の計算

「暑かった年」「寒かった年」が一目でわかる

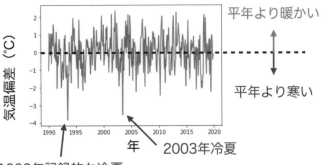

1993年記録的な冷夏　この2年は米や夏野菜が極度に不足した

図 4.2 東京の気温偏差

偏差がわかると「今年は例年の今頃よりも △△が多い/少ない」を定量的に知ることができる

平年よりもペルー沖の海面水温が高い=エルニーニョ現象

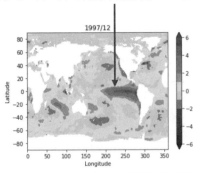

図 4.3 例年よりもペルー沖（赤道東太平洋）の海面水温が高くなるエルニーニョ現象

　また，偏差の考え方が使えるのは気象データに限った話ではありません。たとえば，新型コロナウイルス感染症が拡大した 2020 年代初頭では，例年よりも訪日外国人の数は激減しているでしょう。その意味で，気象データに限らず，経済活動などの社会科学データにおいても，季節変動の影響を受けるデータには偏差の考え方を適用可能です。

さらに，季節変動以外にも，曜日変化など「卓越した周期的変動」は季節変動と同様の解析が可能なことも，前章で述べた通りです。曜日によって変動する新型コロナウイルス感染者報告数が，「今週は月曜日にしては多い」「今週は木曜日にしては少ない」などということがありましたが，これは周期的変動を除去する偏差の考え方そのものです。

4.2 偏差を計算する準備

■ 4.2.1 モジュールのインポート

ここからは具体的なプログラミングに入ります。まず，本章で使うモジュールをインポートします。

```
import numpy as np
import matplotlib.pyplot as plt
from matplotlib.colors import Normalize
```

■ 4.2.2 東京の気温を読み込む（前章の復習）

前章と同じ東京の気温のデータを読み込みます。

ここで必要なデータ： Tokyo_temp.csv

```
tokyo_temp = np.genfromtxt("Tokyo_temp.csv",  # ファイルのパスを書く
                delimiter=",",     # 区切り文字
                usecols=(0, 1, 2) # 読み込みたい列番号
                )
y = tokyo_temp[:, 0]
m = tokyo_temp[:, 1]
temp = tokyo_temp[:, 2]
```

簡単にするために，本章では 1990 年から 2019 年の 30 年間のデータのみを用いて考えることにしましょう。

```
temp = temp[(1990 <= y)*(y <= 2019)]
m = m[(1990 <= y)*(y <= 2019)]
y = y[(1990 <= y)*(y <= 2019)]
# y自身のサイズが変わってしまうので，yは一番最後に書き換えないとダメ
```

```
month = np.arange(1, 13, 1)
temp_clim = np.zeros((12))
for mm in range(1, 13):
    temp_clim[mm-1] = np.nanmean(temp[m==mm], 0)
plt.plot(month, temp_clim)
plt.xticks(month)
plt.show()
```

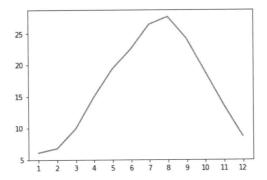

4.3　東京の気温の偏差を計算する

　それではいよいよ，定義に従って東京の気温偏差を計算してみましょう。とはいえ，各データから対応する月の気候値を引くだけです。

　ここで，for 文の中でさらに for 文を回すことで，繰り返し操作の中にもう一つの繰り返し操作があることにも注意してください。つまり，まず 1990 年について 1 月，2 月，…, 12 月と回した後に，次に 1991 年について 1 月，2 月，…, 12 月と回していきます。

```
# 横軸は1990から2020年の1/12年（=1ヶ月）刻み
mon = np.arange(1990, 2020, 1/12)

# 配列のサイズをtmtに保存
tmt = temp.shape

# 0で埋められた行列を使って，欲しいサイズの行列を作っておく（初期化）
tempa = np.zeros((tmt))
# tempaはtemperature anomalyの略。

# 偏差の計算
## 1990年1月から順番にfor文を回していく
for yy in range(1990, 2020):
    for mm in range(1, 13):
```

```
        tempa[(y==yy)*(m==mm)] = temp[(y==yy)*(m==mm)] - temp_clim[mm-1]
plt.plot(mon,tempa)
plt.show()
```

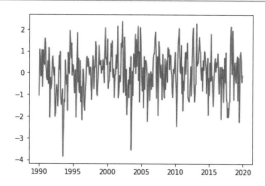

これが東京の気温の偏差です。0 よりも大きい数字が，平年（気候値）よりも暖かい月，0 よりも偏差が小さい月が，平年（気候値）よりも寒かった月です。

偏差を計算することで，図 4.1 のように気温をそのまま描画するより，とても暑かった年やとても寒かった年がどの辺にあったかよくわかります。たとえば，**1993 年頃にものすごく寒かった年がある**のがわかりますが，これは 1993 年が記録的な冷夏だったときです。

また，いまの時点では蛇足に感じるかもしれませんが，**偏差の平均はゼロ**というとても重要な性質があるので，覚えておいてください。

```
np.mean(tempa) # 数値計算の誤差はあるがほぼゼロ
```

```
2.3931474086364484e-16
```


4.4 | 海面水温分布の偏差を描画する

さて，先ほどまで話してきた日本の異常気象をもたらす気候のゆらぎの一つとして，前述のエルニーニョ現象があります。この現象の様子を調べるために，次は海面水温偏差を描画してみましょう。

ここでは，前章と同じ海面水温データと，前章で計算しておいた海面水温気候値データを用います。海面水温気候値データは，データリンク集にも置いてあります。

ここで必要なデータ：sst_OISST.npz と sstc_OISST.npz

■ 4.4.1 データセットの読み込み（前章までの復習）

前章までと同じやり方で，海面水温のデータと，前章で計算しておいた海面水温気候値データを読み込んでおきます。

```
loadfile1 = 'sst_OISST.npz' # 海面水温データの入力ファイル名を定義
sst_dataset = np.load(loadfile1) # データセットはまずデータセットごと入力する
sst = sst_dataset['sst'] # 海面水温(sea surface temperature)を変数sstに保存
lon2 = sst_dataset['lon2'] # 経度(longitude)を変数lon2に保存
lat2 = sst_dataset['lat2'] # 緯度(latitude)を変数lat2に保存
y = sst_dataset['y'] # 年(year)を変数yに保存
m = sst_dataset['m'] # 月(month)を変数mに保存

loadfile2 = 'sstc_OISST.npz' # 前章で計算した気候値の入力ファイル名を定義
sstc_dataset = np.load(loadfile2) # データセットはまずデータセットごと入力
sst_clim = sstc_dataset['sst_clim'] # 海面水温気候値を変数sst_climに保存
```

■ 4.4.2 海面水温偏差の計算と保存

早速，偏差を計算していきます。海面水温は **2** 次元場なので，東京の気温の例と同じことを地球上の各点全てについて行います（図 **4.4**）。

海面水温(SST)については，地球上の各地点ごとに東京の気温のときと同じことをやって，地図上に描画

2次元場の偏差の計算

地点A
SST偏差

地点B
SST偏差

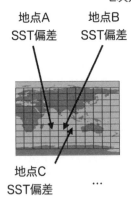

地点C
SST偏差

...

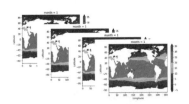

各月の偏差を描画した
地図が456ヶ月分，
つまり456枚できれば良い
（今回は1997年12月のみを描画）

図 4.4 海面水温の偏差の計算（地図画像は「世界地図を作ろう」[1] より）

---

[1] 世界地図を作ろう「正距円筒図法」http://atlas.cdx.jp/projection/prj12.htm（2023–12–21 閲覧）

```
# sstのサイズをそれぞれ変数imt，jmt，tmtに保存
[imt, jmt, tmt] = sst.shape

# 0で埋められた行列を使って，欲しいサイズの行列を作っておく（初期化）
ssta = np.zeros((imt, jmt, tmt))

# 偏差の計算
## やはり1982年1月から順番にfor文を回していく
## 1次元目（経度），2次元目（緯度）の方向には手をつけないため，
## 「配列の要素全部」という意味でコロンを書いておけばOK
## 3次元目（時間の方向）について，sstからsst気候値を引き算
for yy in range(1982, 2020):
    for mm in range(1, 13):
        ssta[:, :, (y==yy)*(m==mm)] = \
            sst[:, :, (y==yy)*(m==mm)] - (sst_clim[:, :, mm-1])[:, :, np.newaxis]
# np.newaxisは，360x180の配列を360x180x1として扱うためのコマンド
# （3次元の配列から2次元の配列を引き算することはできないため）

# 偏差は次章で使うので保存しておく
savefile = 'ssta_OISST.npz'
np.savez(savefile, ssta=ssta, lon2=lon2, lat2=lat2, y=y, m=m)
```

■4.4.3 ある月の海面水温偏差の描画

いつも通り，海面水温を描画します。だいぶ慣れてきた頃でしょうか。今回は，カラーバーの範囲が –6℃〜+6℃になっていることにも注意してください。

```
# 描画したい年・月
draw_year = 1997
draw_month = 12

# vminはカラーバーの下限，vmaxはカラーバーの上限
# vintはカラーバーの間隔
vmin = -6
vmax = 6
vint = 1

plt.figure()
cm = plt.get_cmap('seismic')
cs = plt.contourf(lon2, lat2, \
                  np.squeeze(ssta[:, :, (y==draw_year)*(m==draw_month)]), \
                  cmap=cm, norm=Normalize(vmin=vmin, vmax=vmax),\
                  levels=np.arange(vmin,vmax+vint,vint), extend='both')

plt.colorbar(cs)
plt.xlabel('Longitude')
plt.ylabel('Latitude')
title = str(draw_year) + '/' + str(draw_month)
plt.title(title)
```

```
plt.xlim(0, 360)
plt.ylim(-90, 90)
plt.show()
```

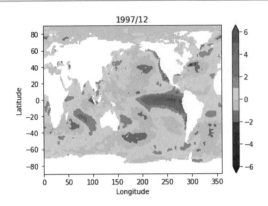

1997年12月は，大きなエルニーニョ現象があった年です．赤道東太平洋の海面水温が，例年より5℃ほど暖かくなっています．

この規模のエルニーニョ現象が発生したのは，衛星観測が開始された1970年代後半から，本書を執筆している2022年までの時点で，1982年，1997年，2015年の3回のみです．スーパーエルニーニョ（**super El Niño**）などといわれています．

4.5 章 末 問 題

A 問題. 1960年から1989年の東京の気温のデータで，本文と同様の解析を行うことで，冷夏・猛暑・暖冬・寒冬などをいくつか見つけてください．Wikipediaなどを引用し，自分の解析が正しいことを確かめてください．

（ヒント：偏差の大きいデータがどの季節のものなのかわかりづらい場合は，
- 夏（または冬）のデータだけ抜き出して偏差のグラフを作る
- グラフを拡大する

などという方法もあります．色々試行錯誤してみてください．）

B 問題. 2010年はラニーニャ現象（**La Niña event**）が起きた年です．2010年の12月の海面水温偏差を描画することで，ラニーニャ現象とはどのような現象なのかを自分の言葉で簡潔に説明してください（メカニズムの話などを調べてもらう必要はありません．描画した海面水温の図を見て，思ったことを書いてください）．

C 問題. 偏差の平均がゼロになることを，数学的に示してください。このとき，Markdown で数式を書くためには LaTeX のコマンドが使えますので，あわせて勉強してみてください。

（ヒント：まず，気候値を数式で表すとどうなるでしょうか？　次に，偏差を数式で表すとどうなるでしょうか？）

D 問題. 日本政府観光局のウェブサイト[*2] に，国籍／月別訪日外客数のデータが公開されています。このデータを気候値や偏差と同様の考え方で解析することによって，一年のうちどの時期に訪日外客が多い傾向にあるか，また過去に訪日外客が特に多かったり少なかったりした時期があれば，理由を考えてみてください。

[*2]　日本政府観光局「訪日外客統計」 https://www.jnto.go.jp/statistics/data/visitors-statistics/（2023–12–21 閲覧）

5 線型トレンドとその除去

本章では，「だんだん大きくなる」「だんだん小さくなる」のような増加・減少傾向についての客観的な解析方法を学びます。特に，線型トレンドと呼ばれる量の定義を学ぶことで，「この数十年で○○くらいのペースで増えて／減っている」を定量的に解析できるようになるのが目標です。

5.1 | 線型トレンドに関する背景知識

■ 5.1.1 気温の上昇

まず，東京の気温偏差のグラフを再掲しますが，前章で計算した 30 年間ではなく，過去 140 年間に期間を延ばしてみます（図 5.1）。

この図を見てわかる通り，**地球温暖化（global warming）**や都市化（ヒートアイランド）などの影響により，少なくとも過去 100 年程度において，東京の気温はだんだん暖かくなっています（これを，ここではまとめて「温暖化」と呼ぶことにします）。

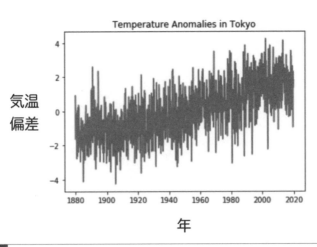

図 5.1 東京の気温偏差（過去 140 年間）

では，いったいどのくらいのペースで温暖化しているのでしょうか？ それを，具体的に「1年につき○°Cくらい」と数字でいう方法を学んでいきましょう。

気象データ解析において，増加／減少傾向に注目するモチベーションは，主に以下の2つです。

- 増加／減少傾向自体の性質を理解する。たとえば，地球温暖化や都市化のシグナルを検出する。
- 増加／減少傾向を除去して，解析する。たとえば，「100年前はずっと寒冬，現在はずっと暖冬」というわけにはいかないので，過去と現在で条件を揃えて，偏差を定義し直す。

本章では，これら2つについて客観的に解析する方法を学びます。

■5.1.2 線型トレンドの定義

本章では，気象データから増加／減少傾向を調査するための基本的な解析方法として，**線型トレンド**（**linear trend**）の計算方法を学びます。単に**トレンド**（**trend**）と呼ぶこともあります。

まず，簡単に数学的な定義を述べると，一次関数 $y = ax + b$ でデータを近似したときの a（**回帰係数; regression coefficient**）のことを，x が時刻のとき特に「（線型）トレンド」と呼びます。図 5.2 には，東京の気温を一次関数で近似した線を示しています。

この図を見ると，一次関数の傾き a，すなわちトレンドが正の値になっているので，気温が増加傾向にあったことがわかります。また，ここでのトレンド a の単位は，

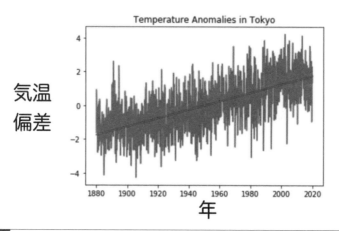

図 5.2 東京の気温偏差とトレンド（過去 140 年間）

「°C/年」です。後で見るように，東京の気温のトレンドは 0.025°C/年という値なので，東京の気温は過去 **140** 年間において，平均的には **1** 年につき **0.025°C**ずつ上がってきたという風に読み取ることができます。

■ 5.1.3 トレンドの除去（デトレンド）

また，温暖化に興味がないときは，温暖化成分を除去すると「100 年前の暖冬／寒冬」と「現代の暖冬／寒冬」をより適切な客観的基準で定義・比較できるようになります。

たとえば，図 5.3 を見てください。左のパネルで示した気温偏差では，温暖化のシグナルが大きく，このままでは「100 年前はほぼ寒冬（あるいは冷夏）」，「現在はほぼ暖冬（あるいは猛暑）」ということになってしまいます。しかし，寒冬・暖冬・冷夏・猛暑などの言葉は，本来は「（比較的近い）過去数年と比べて」暖かいか寒いかを表す言葉です。

そこで，デトレンド（**detrend**）という操作を行ったのが，図 5.3 の右のパネルです。デトレンドとは，もとのデータから線型トレンドを差し引くことです。これを行うと，その年の「異常さ（いかに近くの年と違うか）」を検出するには都合が良さそうなことがわかると思います。

■ 5.1.4 「この数十年で○○くらいのペースで増えて／減っている」を知る

トレンドがわかると，「この数十年で○○くらいのペースで増えて／減っている」を

トレンドの除去

元データからy=ax+bを引く（「デトレンド」という）

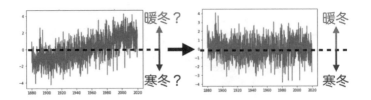

温暖化に興味がないときは，温暖化成分を除去すると
「100年前の暖冬/寒冬」と「現代の暖冬/寒冬」
をより適切な客観的基準で定義・比較できる

図 5.3 東京の気温偏差（左：デトレンド前，右：デトレンド後）

トレンドがわかると「この数十年で◯◯くらいのペースで増えて/減っている」を定量的に知ることができる

「温暖化で北極海氷が減っている」とはいうけれど，どのくらい/どこで減っているのか？

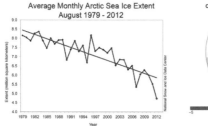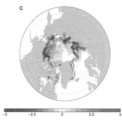

図 5.4 北極海氷のトレンド（左の画像は米国雪氷データセンター（NSIDC）のウェブサイト[*1]，右の画像は Post *et al.* (2013)[*2] より）

定量的に知ることができます。

　たとえば図 5.4 左のパネルのように，北極の海氷域面積のトレンドを計算すると，北極海氷が「どのくらい」減っているのかがわかります。また，図 5.4 右のパネルのように，北極の海氷密接度のトレンドを地図上に描画すると，**北極海氷が「どこで」減っている**のかということもわかります。

　また，トレンドの考え方が使えるのは気象データに限った話ではありません。たとえば，**為替や株価の変動の解析にもよく用いられる**ようです（図 5.5）。ただし，トレンド計算ではあくまでも「過去どうだったか」がわかるだけで，必ずしもこの先どうなるかについての予言能力はありません。

5.2 | 線型トレンドを計算する準備

■ 5.2.1　モジュールのインポート

　ここからは具体的なプログラミングに入ります。まず，本章で使うモジュールをインポートします。

[*1]　NSIDC, "Arctic Sea Ice News & Analysis: A fractured winter" https://nsidc.org/arcticseaicenews/tag/ice-extent/（2023–12–21 閲覧）

[*2]　Post, E., Bhatt, U. S., Bitz, C. M., Brodie, J. F., Fulton, T. L., Hebblewhite, M., Kerby, J., Kutz, S. J., Stirling, I. and Walker, D. A. (2013). Ecological consequences of sea-ice decline., *Science*, **341**(6145), 519–524.

トレンドを知れば大金持ちになれる？

あくまでも「過去どうだったか」がわかるだけで，
この先どうなるかについての予言能力はない

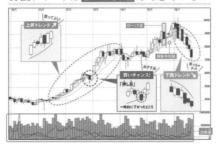

```
import numpy as np
import matplotlib.pyplot as plt
from matplotlib.colors import Normalize
```

■ 5.2.2 東京の気温を読み込んで気候値と偏差の計算（前章と同じだが 140 年分）

まず前回と同様のことを，30 年ではなく 140 年についてやってみましょう。

ここで必要なデータ：Tokyo_temp.csv

```
tokyo_temp = np.genfromtxt("Tokyo_temp.csv",  # ファイルのパスを書く
              delimiter=",",    # 区切り文字
              usecols=(0, 1, 2) # 読み込みたい列番号
              )
y = tokyo_temp[:, 0]
m = tokyo_temp[:, 1]
temp = tokyo_temp[:, 2]

# 今回は1880年から2019年の140年分のデータを用いる
temp = temp[(1880 <= y)*(y <= 2019)]
m = m[(1880 <= y)*(y <= 2019)]
y = y[(1880 <= y)*(y <= 2019)]

# 気候値の計算
```

[*3] お金の総合サイト！ ザイ・オンライン，『株価チャート』の見方をやさしく解説！ 株初心者には難しい『株を買うタイミング』を株価チャートから探る方法とは？ ゼロから始める株入門【第 6 回】https://diamond.jp/zai/articles/-/113785（2023–12–21 閲覧）

```
temp_clim = np.zeros((12))
for mm in range(1, 13):
    temp_clim[mm-1] = np.nanmean(temp[m==mm], 0)

# 偏差の計算
tempa = np.zeros((temp.shape))
for yy in range(1880, 2020):
    for mm in range(1, 13):
        tempa[(y==yy)*(m==mm)] = temp[(y==yy)*(m==mm)] - temp_clim[mm-1]

mon = np.arange(1880, 2020, 1/12)
plt.plot(mon,tempa)
plt.title('Temperature Anomalies in Tokyo')

plt.show()
```

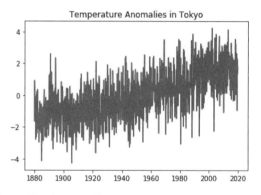

図 5.1 と同じものが描けました。前回使ったデータの期間が短かったのであまり気づかなかったかもしれませんが，実は東京の気温は 140 年でこんなに上がっています。

5.3 | 東京の気温の線型トレンドを計算する

すでに 5.1 節で説明した通り，温暖化のペースを定量化するために最も基礎的な方法は，上記の気温偏差を直線で近似することです。この直線（一次関数）を求めるために最適な方法として，**最小 2 乗法**（**least squares method**）という方法を用います（最小 2 乗法については，類書で様々に説明されているので，説明を省略します）。

まず，データの分布がわかりやすいように，先ほどの図を折れ線グラフではなく散布図で書いてみます。

```
plt.scatter(mon, tempa)
plt.show()
```

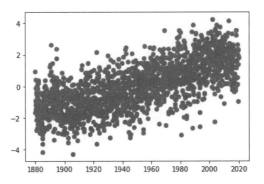

　このように点 (x_i, y_i) $(i = 1, 2, 3, \ldots)$ という点列が与えられたとき，その点全体の散らばりを最もよく近似するような直線 $y = ax + b$ における傾き a と切片 b は，[a, b] = np.polyfit(x, y, 1) という関数で求めることができます。3 つ目の引数の 1 は，「一次関数で近似する」という意味です。

```
# 第一引数に横軸，第二引数に縦軸のデータを書く。
[a, b] = np.polyfit(mon, tempa, 1)
```

　求めた直線 $y = ax + b$ を重ねて，赤色で描画してみましょう。

```
plt.scatter(mon,tempa)
plt.plot(mon, a*mon + b, 'r')
plt.show()
```

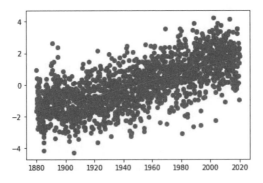

　これで，何をやっているかわかったと思うので，折れ線グラフに戻してみます。

```
plt.plot(mon,tempa)
plt.plot(mon, a*mon + b, 'r')
plt.title('Temperature Anomalies in Tokyo')
plt.show()
```

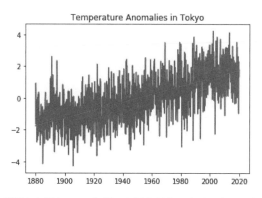

Temperature Anomalies in Tokyo

　すでに 5.1 節で説明した通り，この気温の上昇を最もよく説明するような直線 $y = ax + b$ （あるいは係数 a 自体）を**線型トレンド**といい，特に a を**回帰係数**と呼びます。ここでは横軸が年，縦軸が°Cですので，**回帰係数の単位は「°C/年」**です。

　a の値を表示してみましょう。

```
a
```

```
0.025054090505955032
```

　つまり，東京の気温は過去 140 年間で，平均的には 1 年につき 0.025°Cずつ上がってきたことになります（100 年で 2.5°C）。これは，全地球の平均（100 年で約 0.7°C）を上回るスピードです。

5.4 ｜ 線型トレンドの除去（デトレンド）

　こちらもすでに 5.1 節で説明しましたが，線型トレンドがあるようなデータでは，偏差の大きさが必ずしも「異常さ（いかに近くの年と違うか）」を反映していません。

　たとえば東京の気温の場合，2003 年に明らかに寒かった年の下向きピークが見られますが，偏差の大きさ自体は 100 年前の「普通の年」とあまり変わりません。一方，1885 年頃の冷夏のピークは，偏差こそ −4°Cという負に大きな値ですが，温暖化する前であったことを考えるとその頃にはそこまで「異常」ではなかったかもしれません。

　そのような場合，線型トレンドを偏差のデータから差し引いたほうが，その年の「異常さ」を検出するには都合が良いといえます。このような操作を，線型トレンドの除去，またはデトレンド（**detrend**）といいます。

```
detrended_tempa = tempa - (a*mon + b)
plt.plot(mon,detrended_tempa)
plt.show()
```

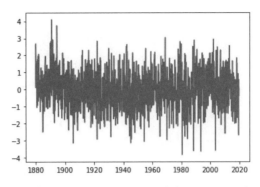

　こうすることで，温暖化シグナルを差し引いて考えると，2003 年の冷夏（デトレン
ド後の偏差 −3.5°C）はやはり「異常」であったことがわかります。また，1885 年頃
の冷夏（デトレンド後の偏差 −2.5°C）よりも極端な現象であったことがわかります。

　以上のように，大きなトレンドを含むデータを見るときに，トレンド自体には興味
がなく，むしろそれよりも短い時間スケールの変動に興味がある場合は，事前にデー
タをデトレンドしておくと，様々な解析がしやすくなります。

　なお，Python ではわざわざ np.polyfit を経由しなくても，デトレンド自体が
signal.detrend というコマンドとして与えられています。

```
from scipy import signal #モジュールのインポート

# 「気温偏差をデトレンドせよ」という意味
detrended_tempa_scipy = signal.detrend(tempa)

plt.plot(mon,detrended_tempa_scipy) #上記と同じ結果になる
plt.show()
```

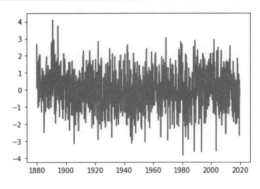

5.5 | 海面水温分布のトレンドを描画してみる

さて，次は地球上の海面水温の上昇／下降傾向を調べるために，海面水温のトレンドを描画してみましょう。

■ 5.5.1　データセットの読み込み

前章で計算しておいた海面水温偏差データを読み込みます。海面水温偏差データは，データリンク集にも置いてあります。今回は海面水温偏差しか使わないので，海面水温の生データと気候値は読み込む必要がありません。

ここで必要なデータ：ssta_OISST.npz

```
loadfile = 'ssta_OISST.npz' # 前章で計算した海面水温偏差の入力ファイル名を定義
ssta_dataset = np.load(loadfile) # データセットはまずデータセットごと入力する
ssta = ssta_dataset['ssta'] # 海面水温偏差を変数sstaに保存
lon2 = ssta_dataset['lon2'] # 経度(longitude)を変数lon2に保存
lat2 = ssta_dataset['lat2'] # 緯度(latitude)を変数lat2に保存
y = ssta_dataset['y'] # 年(year)を変数yに保存
m = ssta_dataset['m'] # 月(month)を変数mに保存
```

■ 5.5.2　「海面水温トレンド」と「デトレンドした海面水温偏差」の計算

早速トレンドを計算していきます。いつも通り，海面水温は 2 次元場なので，東京の気温の例と同じことを地球上の各点全てについて行います（図 5.6）。ちなみに 2 次元場の場合は，切片 b を無視して回帰係数自体をトレンドと呼ぶことが多いです。

2 次元場のトレンドを地図上に描画する際の技術的な注意として，np.polyfit がnan を受けつけないことが挙げられます。それゆえ，nan の入っているところに一度 0 を入れておいて，後で 0 のところを nan に戻します。仮に，厳密にトレンドが 0 のところがあると，nan が入ってしまうことになりますが，数値誤差まで含めると，厳密にトレンドが 0 と計算されることはないといってよいでしょう。

また，全ての地点についてトレンドを計算するには少し時間がかかります。ですから，二重 for 文を使うところでは，きちんと計算が進んでいるかチェックするために，**30 回に 1 回 ii を出力**するようにしておきます。このときに用いるのが，if 文です。if の後のカッコ内に書かれた条件を満たすときのみ，その下にインデントされたプログラムを実行します。いまの場合，「ii を 30 で割った余りがゼロと等しい（ii % 30 == 0）」を満たすときのみ，print(ii) を実行します。

海面水温(SST)については，地球上の各地点ごとに
東京の気温のときと同じことをやって，地図上に描画

2次元場の偏差の計算

地点A　　　地点B
SSTトレンド　SSTトレンド

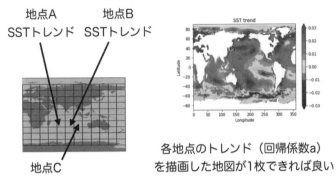

地点C　　　…
SSTトレンド

各地点のトレンド（回帰係数a）
を描画した地図が1枚できれば良い

図 5.6　海面水温のトレンドの計算（地図画像は「世界地図を作ろう」[*4]より）

以上のことに注意しながら，プログラムを書いてみましょう。

```
# sstaのサイズをそれぞれ変数imt, jmt, tmtに保存
[imt, jmt, tmt] = ssta.shape

# 0で埋められた行列を使って，欲しいサイズの行列を作っておく（初期化）
a_ssta = np.zeros((imt, jmt)) # 回帰係数a
b_ssta = np.zeros((imt, jmt)) # 切片b
detrended_ssta = np.zeros((imt, jmt, tmt)) # デトレンドした海面水温偏差

# 時間軸
mon = np.arange(1982, 2020, 1/12)

# np.polyfitがエラーを吐かないようにするために，
# 陸地の場所(nanが入っている)に一度ゼロを入れておきたい
#  (nanmeanのようなnanpolyfitという関数はない)
# is_land_grids_3Dは，sstaの値がnanのところだけに，
# Trueが入っているような3次元配列（360x180x456）
is_land_grids_3D = (np.isnan(ssta)==True)
ssta[is_land_grids_3D]=0
# Trueの場所のみにゼロが代入される

# トレンドの計算と除去
# 経度方向にimt（=360）回，緯度方向にjmt（=180）回forループを回す
for ii in range(0, imt):
```

*4)　世界地図を作ろう「正距円筒図法」http://atlas.cdx.jp/projection/prj12.htm（2023–
12–21 閲覧）

```
        for jj in range(0, jmt):
            # トレンドの計算
            [a_ssta[ii, jj], b_ssta[ii, jj]] = np.polyfit(mon, ssta[ii, jj, :], 1)
            # デトレンド
            detrended_ssta[ii, jj, :] = \
                        ssta[ii, jj, :] - (a_ssta[ii, jj]*mon + b_ssta[ii, jj])

        # ちゃんと計算が進んでいるかチェックするために，30回に1回iiを出力する
        if (ii % 30 == 0):
            print(ii)

# さっきゼロにしておいた陸地の場所にもう一度nanを戻す
# is_land_grids_2Dは，sstaの1982年1月の値がnanのところだけ，
# Trueが入っているような2次元配列（360x180）
is_land_grids_2D = np.squeeze(is_land_grids_3D[:, :, 0])
a_ssta[is_land_grids_2D]=np.nan
b_ssta[is_land_grids_2D]=np.nan
detrended_ssta[is_land_grids_2D]=np.nan
```

```
0
30
60
90
120
150
180
210
240
270
300
330
```

計算には少し時間がかかります。デトレンドした海面水温偏差は次回以降も使うので保存しておきましょう。

```
savefile = 'detrended_ssta_OISST.npz'
np.savez(savefile, ssta=detrended_ssta, lon2=lon2, lat2=lat2, y=y, m=m)
# detrended_sstaはちょっと長いので，単にsstaという変数名で保存する
```

■5.5.3　海面水温トレンドの描画

あとはいつも通り，トレンド（すなわち回帰係数 a）を2次元場として描画するだけです。

```
# vminはカラーバーの下限，vmaxはカラーバーの上限
# vintはカラーバーの間隔
vmin = -0.03
vmax = 0.03
vint = 0.005
```

```
plt.figure()
cm = plt.get_cmap('seismic')
cs = plt.contourf(lon2, lat2, a_ssta, \
                  cmap=cm, norm=Normalize(vmin=vmin, vmax=vmax),\
                  levels=np.arange(vmin,vmax+vint,vint), extend='both')

plt.colorbar(cs)
plt.xlabel('Longitude')
plt.ylabel('Latitude')
title = 'SST trend'
plt.title(title)
plt.xlim(0, 360)
plt.ylim(-90, 90)
plt.show()
```

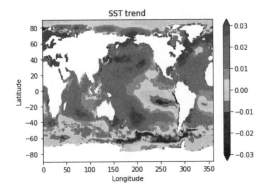

過去40年の海面水温については，日本付近を含む大陸東岸（海洋の西岸。黒潮やメ
キシコ湾流を含む）で温暖化が速いことがわかります。逆に，東太平洋や南極海では
温暖化が遅かった（むしろ冷たくなった）ことが知られています。

余談ですが，東太平洋の温暖化が遅い理由は，温室効果ガスのせいなのか，あるい
は単なる自然の変動なのかが未解決問題となっています。2017年時点で，多くの研究
者が自然変動のせいであろうと信じていた中で，著者の博士論文ではこれが温室効果
ガスの強制でありうるという仮説を提唱しました (Kohyama *et al.*, 2017[*5)]; Kohyama
and Hartmann, 2017[*6)])。

[*5)] Kohyama, T., Hartmann, D. L. and Battisti, D. S. (2017). La Niña–like mean-state response to global warming and potential oceanic roles. *J. Climate*, **30**(11), 4207–4225.
[*6)] Kohyama, T. and Hartmann, D. L. (2017). Nonlinear ENSO warming suppression (NEWS). *J. Climate*, **30**(11), 4227–4251.

5.6 | デトレンドした海面水温偏差の描画

デトレンドした後の海面水温偏差についても，描画してみましょう。

```
# 描画したい年・月
draw_year = 1997
draw_month = 12

# vminはカラーバーの下限，vmaxはカラーバーの上限
# vintはカラーバーの間隔
vmin = -6
vmax = 6
vint = 1

plt.figure()
cm = plt.get_cmap('seismic')
cs = plt.contourf(lon2, lat2,\
    np.squeeze(detrended_ssta[:,:,(y==draw_year)*(m==draw_month)]),\
    cmap=cm, norm=Normalize(vmin=vmin, vmax=vmax),\
    levels=np.arange(vmin,vmax+vint,vint), extend='both')

plt.colorbar(cs)
plt.xlabel('Longitude')
plt.ylabel('Latitude')
title = 'Detrended SST anomalies ' + str(draw_year) + '/' + str(draw_month)
plt.title(title)
plt.xlim(0, 360)
plt.ylim(-90, 90)
plt.show()
```

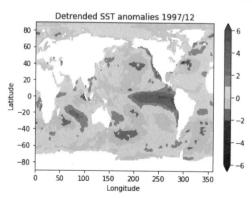

少し見ただけでは，デトレンド前との違いはあまり感じられないかもしれませんが，次章以降にこの操作の効果が見られます。

5.7 | 章 末 問 題

A 問題. 第 1 章の章末 B 問題や C 問題と同様に，あなたの趣味などに関する好きな時系列データ（横軸が時間軸になるようなデータ）について簡単なグラフを描き，ある期間に着目してトレンドを計算してください。単位も付記すること。

B 問題. 地上 **2 m 気温（2 m temperature）** の偏差のデータ t2ma_erai.npz をデータリンク集からダウンロードし，そのトレンドを本文の海面水温の例と同じように計算しましょう（.npz ファイルの中身の調べ方がわからない方は，第 2 章を復習してください）。最近の約 40 年において，北半球と南半球の温暖化はどちらが速かったでしょうか。また，陸上の温暖化と海上の温暖化はどちらが速かったでしょうか。

ここで必要なデータ：t2ma_erai.npz

C 問題. 日経平均株価について，次の問いに答えてください。

C-1. 日経平均プロフィルのウェブサイト[7] から日経平均株価の月次データをダウンロードし，日経平均株価の終値についてトレンドを求めてください（単位も付記）。

（ヒント：普通に読むと文字化けする可能性があります（文字コードが Shift_JIS）。左からデータ日付，終値，始値，高値，安値の順で入っているので，ヘッダーが読めない場合は削除するなどしてください。あるいは，これを機に Shift_JIS で読む方法を勉強してみるのもよいかもしれないです。pandas 等を使ってもよいです。）

C-2. C-1. で用いたデータをデトレンドしてグラフに描画し，特に株価が暴落したり高騰したイベントを見つけ，その理由を簡単に考察してください。

D 問題. 米国雪氷データセンター（NSIDC）のウェブサイト[8] にある海氷面積偏差のデータを自由に用いて，北極と南極の**海氷面積（sea ice area）**のトレンドを調べてください。"3. Sea ice extent and area organized by year" と示されたデータを用いるのがよいと思います。北極と南極の海氷はどちらが急激に変化しているでしょうか。

---

[7] 日経平均プロフィル「ダウンロードセンター」https://indexes.nikkei.co.jp/nkave/index?type=download（2023–12–21 閲覧）

[8] NSIDC "Sea Ice Data and Andysis Tools" https://nsidc.org/arcticseaicenews/sea-ice-tools/（2023–12–21 閲覧）

6 インデックス（指数）の定義

本章では，「大きなデータの情報を，シンプルな指標で代表させる」という考え方を学びます。特に，注目する情報を代表する「インデックス（指数）」を定義する方法を学ぶことで，データの中の有益な情報をシンプルな数字で抜き出せるようになるのが目標です。また，Python における「関数」という機能の実装方法や，気象データ解析で広く用いられる「領域平均」の計算の仕方も学びます。

6.1 | インデックスに関する背景知識

■ 6.1.1 様々なエルニーニョ現象

前章までに紹介してきたエルニーニョ現象ですが，実はエルニーニョ現象にも強弱があります。つまり，「強いエルニーニョ現象」「弱いエルニーニョ現象」などが様々に存在するのです。

まず，1997 年，2006 年，2010 年の 12 月の海面水温偏差を見てみましょう（図 6.1）。左から順に，1997 年冬の「強いエルニーニョ現象」，2006 年冬の「弱いエルニーニョ現象」，2010 年冬の「強いラニーニャ現象」が起こった際の海面水温偏差です。

このように，刻一刻と変化するエルニーニョ現象の状態を監視したいときに，どうすればよいでしょう？　なんとなく，熱帯東太平洋の海面水温にのみ注目すれば，エルニーニョ現象の強弱や時間変化の大局を記述できそうです。

そこで，**Niño3.4 指数**（**Niño 3.4 index**）というインデックス（指数; index）を定義します（図 6.2）。インデックスとは，大きなデータの情報をシンプルな指標で代表させた数字のことで，普通は各時刻において 1 つの値をもつデータ（**時系列データ**または**時系列; time series**）です。

そして Niño3.4 指数は，エルニーニョの符号・強弱を記述する指数です。Niño3.4 指数は，「南緯 5 度～北緯 5 度，西経 170 度～西経 120 度」で囲まれる領域の平均海面水温偏差の値（**領域平均; regional mean**）として定義されます。これを各月ごとに計算することで，月別の Niño3.4 指数の時系列データが完成します。

気象データ解析において，指数を定義するモチベーションは，主に以下の 2 つです。

強いニーニョと弱いニーニョがいる

刻一刻と変化するニーニョの状態を監視したい

強いエルニーニョ (1997/12)	弱いエルニーニョ (2006/12)	強いラニーニャ (2010/12)

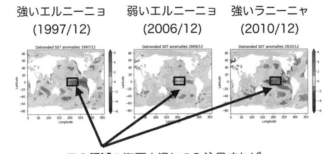

この領域の海面水温にのみ注目すれば,
エルニーニョ現象の強弱や時間変化の大局を記述できそう

図 6.1 1997 年, 2006 年, 2010 年の 12 月の海面水温偏差

Niño3.4指数

エルニーニョの符号・強弱を記述する指数

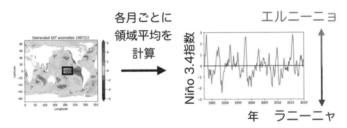

Niño3.4指数 =
南緯5度 - 北緯5度, 西経170度 - 西経120度
で囲まれる領域の平均海面水温偏差の値

図 6.2 Niño3.4 指数の定義

- 強弱を比較する。たとえば,インデックスを定義することで「2 倍強いエルニーニョ」などを定義できる。
- 時間変化を記述し,解析する。たとえば,456 ヶ月のエルニーニョの変化を知るために,456 枚の海面水温分布図を書く必要がなくなる。

本章では,これら 2 つの事柄について,客観的に解析する方法を学びます。

■ 6.1.2 海面水温に基づく様々な指数

海面水温に基づくインデックスは，Niño3.4 指数以外にもたくさんあります。目的に応じて，領域平均をとる領域を変えると，色々な指数が定義できます。

エルニーニョ現象に限っても，たとえば以下の例があります。図6.3 左のパネルには，Niño3 指数というインデックスを示しています。Niño3 指数の定義は，「南緯5 度〜北緯5 度，西経150 度〜西経90 度」の領域平均海面水温偏差です。

日本の気象庁では，エルニーニョ現象の監視のためにこちらの指標を用いています（国ごとにエルニーニョの定義に流派のようなものがあります）。Niño3 のほうが定義領域が東に寄っていて，エルニーニョとラニーニャの非対称性（エルニーニョ現象のほうがラニーニャ現象よりも強くなりやすい）を表現できるインデックスです。

また，エルニーニョ現象に似て非なる現象として，日本の山形俊男先生らのグループが発見した**エルニーニョもどき（El Niño Modoki）**と呼ばれる現象が知られています[1]。図6.3 右のパネルには，エルニーニョもどき指数を示しています。エルニーニョ現象では熱帯東太平洋の海面水温が暖まるのに対して，エルニーニョもどき現象では熱帯中央太平洋の海面水温が暖まります。詳しい計算方法は，6.4.4 項を参照してください。

平均を取る領域を変えると，色々な指数が定義できる
エルニーニョを定義する指数も実は色々ある

Niño 3指数
（気象庁はこれを使っている）

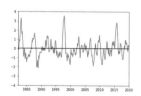

南緯5度 - 北緯5度，
西経150度 - 西経90度

エルニーニョもどき指数
（日本人が見つけたので，
英語でもEl Niño Modoki）

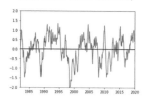

計算方法は章の後半で

図6.3 Niño3 指数とエルニーニョもどき指数

[1] Ashok, K., Behera, S. K., Rao, S. A., Weng, H. and Yamagata, T. (2007). El Niño Modoki and its possible teleconnection. *J. Geophys. Res. Oceans*, **112**, C11007.

■ 6.1.3　データの中の有益な情報をシンプルな数字で抜き出す

インデックスを定義すると，データの中の有益な情報をシンプルな数字で抜き出すことができるようになります。気象データに限らず，社会情勢を示すインデックスもいっぱいあります。

たとえば図 6.4 では，株価の変動を表すインデックスとして，日経平均株価を挙げています。日経平均株価は，日本の代表的な会社の株価，つまり平たくいうと「日本の株式市場の状況を知るためのインデックス」であるといえます（詳しくは章末 A 問題）。日本の全ての会社の株価を調べるわけにはいきませんから，このインデックスは日本の景気を知るのに有用です。また，何かのインデックスを参考に株や証券を売買する投資信託を「インデックス・ファンド」などといいます。

株価の変動を表すインデックス

社会情勢を示すインデックスもいっぱいある

日経平均株価
2020/10/22

何かのインデックスを参考に株や証券を売買する
投資信託を「インデックス・ファンド」という

図 6.4　日経平均株価（画像は Google 検索「日経平均株価」の結果[*2]より）

6.2 ┃ インデックスを計算する準備

■ 6.2.1　モジュールのインポート

ここからは具体的なプログラミングに入ります。まず，本章で使うモジュールをインポートします。

[*2]　Google 検索「日経平均株価」 https://www.google.co.jp/search?q=日経平均株価（2023–12–21 閲覧）

```
import numpy as np
import matplotlib.pyplot as plt
from matplotlib.colors import Normalize
```

■ 6.2.2　データセットの読み込み

　本章では，東京の気温は扱わず，いきなり海面水温データを扱います。前章で計算した「デトレンド済みの海面水温偏差」のデータを読み込みます（データリンク集にも置いてあります）。

　ここで必要なデータ：`detrended_ssta_OISST.npz`

```
loadfile = 'detrended_ssta_OISST.npz' # デトレンド済みSST偏差の入力ファイル名
ssta_dataset = np.load(loadfile) # データセットはまずデータセットごと入力する
ssta = ssta_dataset['ssta'] # 海面水温偏差を変数sstaに保存
lon2 = ssta_dataset['lon2'] # 経度(longitude)を変数lon2に保存
lat2 = ssta_dataset['lat2'] # 緯度(latitude)を変数lat2に保存
y = ssta_dataset['y'] # 年(year)を変数yに保存
m = ssta_dataset['m'] # 月(month)を変数mに保存

# 1月始まり12月終わりになるように，1982年から2019年のみのデータを用いる
ssta = ssta[:, :, (1982 <= y)*(y <= 2019)]
m = m[(1982 <= y)*(y <= 2019)]
y = y[(1982 <= y)*(y <= 2019)]
# y自身のサイズが変わってしまうので，yは一番最後に書き換えないとダメ
```

■ 6.2.3　関数の実装

　そろそろ描画に慣れてきた頃だと思うので，ついでに描画の一連の操作を関数（**function**）にする練習もしてみましょう。

　関数は，定義としては「引数を入力すると，対応した出力が返ってくる」機能のことです。実用上は，様々な処理を一つにまとめて簡単に呼び出したいときに使います。ここでは，「年」と「月」という引数を入力すると，その年と月の海面水温偏差分布が描画されるような，`draw_ssta` という関数を実装してみましょう。

　Python における関数の定義には，`def` というコマンドを用います（def は「定義する」という意味の「define」の略）。そして，それ以下の行にインデントされた処理が，入力された引数に基づいて実行されます。この処理は，いままでの描画コマンドと同じように書けば大丈夫です。

```
# 関数の定義
## デフォルトの値を引数の横に書いておけば，実行時に省略可能
def draw_ssta(draw_year, draw_month, vmin = -6, vmax = 6, vint = 1, \
              fig_title = 'Detrended SST anomalies '):

    plt.figure()
    cm = plt.get_cmap('seismic')
    cs = plt.contourf(lon2, lat2, \
                np.squeeze(ssta[:, :, (y==draw_year)*(m==draw_month)]), \
                cmap=cm, norm=Normalize(vmin=vmin, vmax=vmax),\
                levels=np.arange(vmin,vmax+vint,vint), extend='both')
    plt.colorbar(cs)
    plt.xlabel('Longitude')
    plt.ylabel('Latitude')
    title = fig_title + str(draw_year) + '/' + str(draw_month)
    plt.title(title)
    plt.xlim(0, 360)
    plt.ylim(-90, 90)
    plt.show()
```

それでは，実装した関数を早速使ってみましょう．まずは，1997 年 12 月の海面水温偏差を描画します．

```
# エルニーニョが発生した年
draw_ssta(1997, 12)
# デフォルトとは違うカラーバーで書きたいときは，たとえば次のように書く
# draw_fig(1997, 12, -3, 3)
```

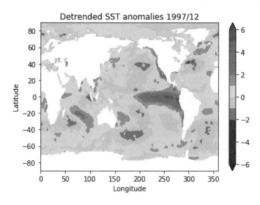

同じように，2010 年 12 月と，2006 年 12 月の海面水温偏差を描画してみましょう．関数を実装しておくと，描画が非常に簡単になります．

```
# ラニーニャ現象が発生した年
draw_ssta(2010, 12)
```

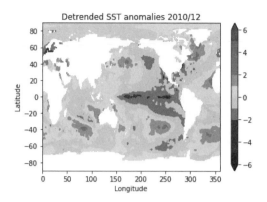

```
# ちょっと弱いエルニーニョが発生した年
draw_ssta(2006, 12)
```

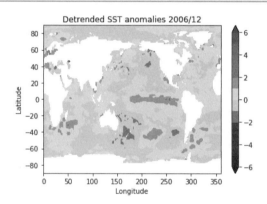

　白黒印刷だとわかりにくいかもしれませんが，赤道東太平洋がエルニーニョの年は赤く，ラニーニャの年は青く塗られています。**赤道東太平洋が，数年周期で暖かくなったり冷たくなったりを繰り返しているのです。**

　このようにエルニーニョ状態とラニーニャ状態を行ったり来たりする現象を，**エルニーニョ南方振動（El Niño Southern Oscillation）**あるいはそれを省略して **ENSO**（エンソ）といいます。6.1 節で紹介した通り，ENSO の強弱の時間変化を記述する指数（インデックス）の一つに Niño3.4 指数があるので，まずそれを計算してみましょう。

6.3 │ Niño3.4 指数の計算

　上で描画した 3 つの図を比較するに，東太平洋の赤道付近の海面水温を見れば，ENSOの変動を記述することができそうです。

そこで，南緯 5 度～北緯 5 度，西経 170 度～西経 120 度で囲まれる領域（**Niño3.4 領域**）内の海面水温を平均したものを各月ごとに計算して，ENSO を代表する時系列としてプロットします。これが **Niño3.4 指数**（**Niño 3.4 index**）です。

```
#  Nino3.4領域内のデータの取り出し
## まず西経170度～西経120度 のデータを取り出す
nino34ssta_data = ssta[(190<=lon2[:, 1])*(lon2[:, 1]<=240),:, :]
## そこからさらに南緯5度～北緯5度のデータを取り出す
nino34ssta_data = nino34ssta_data[:, (-5<=lat2[1, :])*(lat2[1, :]<=5), :]
### Pythonでは上記2つを同時にやろうとするとうまくいかない

# データの領域内で平均をとる
## まず東西方向に平均し，次に南北方向に平均する（順番はどちらでもよい）
nino34 = np.nanmean(np.nanmean(nino34ssta_data, 0), 0)
## 今回のケースはnp.meanでもよいが，別のインデックスを定義する場合に
## 領域内に陸地が入ってくることもあるので，最初から↲
     nanmeanにしておいたほうが安全
## 赤道付近の小さな領域なのでこれでよいが,
## 本当はグリッドの面積による重み付けが必要（D問題参照）

# Nino3.4指数の描画
mon = np.arange(1982, 2020, 1/12) # 横軸は1982から2020年の1/12年（=1ヶ月）刻み
plt.plot(mon, nino34)
plt.plot(mon, 0*nino34, 'k') # 0のところに黒線を引く
plt.xlim(1982, 2020)
plt.ylim(-3, 3)
plt.show()
```

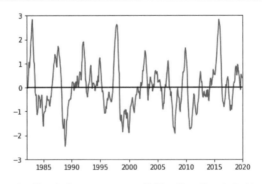

Niño3.4 指数が正の値のときエルニーニョ状態，負の値のときがラニーニャ状態を表しています。この指数が正や負に特に大きくなったとき，それぞれ「エルニーニョ現象が発生した」「ラニーニャ現象が発生した」などといいます。

Niño3.4 指数を見ると，確かに 1997 年は大きなエルニーニョ現象が発生しています。逆に，たとえば 2010 年冬には，大きなラニーニャ現象が発生しています。第 4 章で言及した「スーパーエルニーニョ」などと呼ばれる巨大エルニーニョは，衛星観測

が始まった 1970 年代後半から 2022 年までの時点で，1982 年，1997 年，2015 年の3 回です。

6.4 | 海面水温の領域平均で定義される色々なインデックス

気候学では，海面水温の領域平均を用いて定義される色々なインデックスがありますので，それを見ていきましょう。

■6.4.1 領域平均・描画を行う関数の準備

「領域平均をとって描画する」という操作をたくさんするので，まずこの処理も関数として実装しておきます。

```python
# 領域平均 (regional mean; area average) をとる関数
def aave(west, east, south, north, var = ssta):
    var = var[(west<=lon2[:, 1])*(lon2[:, 1]<=east),:, :]
    var = var[:, (south<=lat2[1, :])*(lat2[1, :]<=north), :]
    aave_var = np.nanmean(np.nanmean(var, 0), 0)
    return aave_var

# 月別の時系列を描画する関数
def plot_mon_time(time_series, lower = -3, upper = 3,\
                  init_year=1982, fin_year=2020):
    mon = np.arange(1982, 2020, 1/12)
    plt.figure;
    plt.plot(mon, time_series)
    plt.plot(mon, 0*time_series, 'k')
    plt.xlim(init_year, fin_year)
    plt.ylim(lower, upper)
    plt.show()
```

■6.4.2 Niño3.4 指数（上と同じ）

関数を定義しておけば，先ほど計算した Niño3.4 インデックスは 2 行で書けます！

```python
nino34 = aave(190, 240, -5, 5)
plot_mon_time(nino34)
```

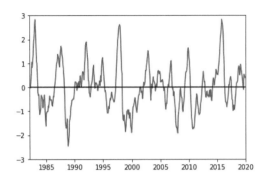

■ 6.4.3 Niño3 指数

ENSO を定義するインデックスには，Niño3 指数というインデックスもあります。南緯 5 度〜北緯 5 度, 西経 150 度〜西経 90 度で囲まれる領域（**Niño3 領域**）内の海面水温を平均したものです。詳しくは，6.1 節に書いた通りです。

```
nino3 = aave(210, 270, -5, 5)
plot_mon_time(nino3, -4, 4)
```

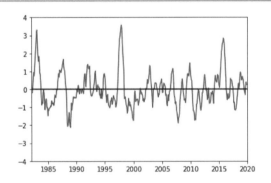

■ 6.4.4 エルニーニョもどき指数

6.1 節で紹介したエルニーニョもどき現象を定義する**エルニーニョもどき指数（El Niño Modoki index; EMI）**は，次の式で計算されます。

$$\text{EMI} = \text{SSTA}_A - 0.5 * \text{SSTA}_B - 0.5 * \text{SSTA}_C$$

ただし，右辺の 3 つの項にある SSTA_X は左から順に，領域 A（165°E〜140°W, 10°S〜10°N），B（110°W〜70°W, 15°S〜5°N），C（125°E〜145°E, 10°S〜20°N）でそれぞれの領域平均した海面水温偏差を表します。ここで，°E は東経，°W は西経，°S は南緯，°N は北緯を表します。

```
emi = aave(165, 220, -10, 10) \
    - 0.5*aave(250, 290, -15, 5) - 0.5*aave(125, 145, -10, 20)

plot_mon_time(emi, -2, 2)
```

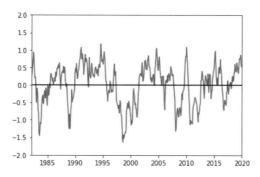

インデックスの計算には，関数が強力なツールになることを理解していただけたら幸いです。

6.5 | 章 末 問 題

A 問題. 株価の変動を表すインデックス（日経 225，TOPIX など）を 1 つ選んで，どのように計算されているかを調べて簡潔に記述してください（答案の長さは問わない）。

B 問題. ダイポールモード指数（**Dipole Mode Index**）について調べて，次の問いに答えてください。

B-1. 1982 年から 2019 年のダイポールモード指数を計算して時系列を描画してください。

B-2. ダイポールモード指数が正に大きかった月と負に大きかった月を 1 ヶ月ずつ取り出し，本文の最初の例と同様に（インド洋周辺の）海面水温偏差を描画することによって，**インド洋ダイポールモード現象（Indian Ocean Dipole; IOD）**を特徴づける海面水温の分布についてわかることを簡潔に記述してください。

C 問題. あなたの趣味などの好きなデータについて，何か面白いインデックスを定義し，考察を自由に語ってください。

D 問題. 本章で紹介した領域平均のプログラムには，少しだけ近似があります。赤道

から離れたときに，より正確に領域平均を計算するには，各点が代表する面積による**重み付き平均（weighted mean）**を計算する必要があります（緯度が高いほうが，経度 1 度×緯度 1 度で囲まれる面積が小さい）。重み付けを含んだ領域平均を計算するための `aave_weighted` 関数を実装してください。`aave` 関数と `aave_weighted` 関数では，結果にどの程度の違いが出るのか，適当な指数を計算して確かめてみましょう[*3]。

　（ヒント：緯度を ϕ とすると，単位球面のヤコビアンは $\cos\phi$ ですので，$\cos\phi$ で重み付けをすればよいことになります。

　$\cos\phi$ をマクローリン展開すると

$$\cos\phi = 1 - \frac{\phi^2}{2} + O(\phi^4)$$

ですので，緯度 ϕ が十分小さい赤道付近の十分小さい領域で平均をとる分には，重み付けをしなくても結果はあまり変わらないということになります[*4]。

　また，$x_1, x_2, \ldots, x_N$ の「重み付き平均」の定義は，それぞれの重みを $w_1, w_2, \ldots, w_N$ として，

$$\frac{w_1 x_1 + w_2 x_2 + \ldots + w_N x_N}{w_1 + w_2 + \ldots + w_N}$$

として計算されます。分母の方にも重みをつけることを忘れないように気をつけてください。なお，`np.nanmean` には重み付き平均を行うオプションがないので，分母と分子にそれぞれ `np.nansum` を使うなど，結構愚直に実装する必要があります。）

[*3]　さらに極めたい人は，もし北極点や南極点にデータがあるようなグリッドのときはどうすべきかを考えてみてください（実用上は，そこまで気にしなくても普通は問題にはなりません）。

[*4]　普通の球座標だとヤコビアンは $R^2 \sin\theta$ ですが，今回は平均の相対的な重み付けをするだけなので，地球半径を考える必要がないことに加え，緯度の ϕ は通常の球座標の θ で書くと $\phi = \pi/2 - \theta$ ですので，ヤコビアンは $\cos\phi$ でいいことになります。

7 コンポジット解析（合成図解析）

　本章では，注目する現象の特徴をデータから浮き彫りにする方法を学びます。特に，特定の条件を満たすデータのみを抽出して平均をとる「コンポジット解析（合成図解析）」という手法を学ぶことで，データに潜む現象の典型的な姿を炙り出せるようになるのが目標です。

7.1 コンポジット解析に関する背景知識

■ 7.1.1 エルニーニョ現象の「平均顔」

　インターネットなどで，「平均顔」という概念を聞いたことがあるでしょうか？　たとえばインターネット上で，アイドルグループ「嵐」の「平均顔」の画像を検索してみてください。

　このような「平均顔」の画像は，アイドルグループ「嵐」の特徴を考えようと思ったときに，「嵐のメンバーである」という客観的条件を満たす5人の人間の写真を「合成」した画像であるといえます。嵐の5人の「平均顔」はやっぱり嵐っぽい，という印象を受けるかもしれません。

　エルニーニョ現象でも同様に，どの年のエルニーニョかによって，海面水温は様々に「顔つき」が異なります。たとえば，図7.1に，1982年，1997年，2015年という3つの大きなエルニーニョ現象（通称「スーパーエルニーニョ」）の海面水温偏差を示しました。熱帯太平洋の特徴は似通っているものの，どれも微妙に空間分布が異なることがわかると思います。

　いま，3つのエルニーニョに共通する特徴を抽出したいとします。このとき，3つの図を「合成」する方法はないでしょうか？

■ 7.1.2 コンポジット解析（合成図解析）

　現象に共通する特徴を探るために，特定の条件を満たすデータ（いまの場合は「大きなエルニーニョが発生した」ときのデータ）のみを抽出して平均をとる解析のことを，大気海洋科学分野では**コンポジット解析（composite analysis; compositing）**ま

いろんなニーニョ，どれがニーニョ？

エルニーニョ現象発生時に共通する特徴は何か

エルニーニョ1	エルニーニョ2	エルニーニョ3
(1982/12)	(1997/12)	(2015/12)

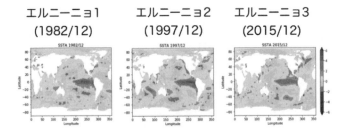

3つのエルニーニョに共通する特徴を抽出したい
→3つの図を「合成」する方法はないか？

図 7.1 様々なエルニーニョ現象

コンポジット解析（合成図解析）

特定の条件を満たすデータ
（今の場合は「大きなエルニーニョが発生した」ということ）
のみを抽出して平均を取る解析

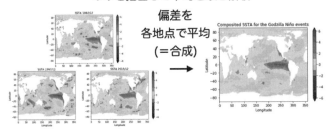

スーパーエルニーニョにも「平均顔」のようなものがある

図 7.2 コンポジット解析によるスーパーエルニーニョの抽出

たは**合成図解析**といいます。

いま考えているエルニーニョ現象の例の場合，海面水温偏差を各地点で平均（合成）し，エルニーニョに共通する特徴を炙り出します。図 7.2 左に再掲した，3つの大きなエルニーニョ現象のコンポジットをとった結果が，図 7.2 右に示したパネルです。スーパーエルニーニョにも，「平均顔」のようなものがあるのがわかると思います。

気象データ解析において，コンポジットをとるモチベーションは，ノイズを除去し，

客観的なコンポジットの取り方

誰もが納得する「選抜条件」を考えなければいけない

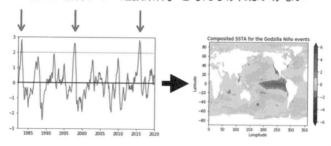

「Niño3.4が2℃以上になった年の12月」
という条件を課せば先ほどのコンポジットになる

図 7.3 コンポジット解析に重要な「客観的基準」

見たいシグナルのみを抽出するということです。図 7.1 で示した個々のエルニーニョ現象の海面水温偏差と，図 7.2 で示したコンポジットをとった後の海面水温偏差を比べてみましょう。後者は，3 つのエルニーニョ現象に共通する特徴のみを綺麗に取り出せていることがわかると思います。

■ 7.1.3 客観的なコンポジットの取り方

アイドルグループを構成するときには，誰もが納得する「選抜条件」を考えなければいけません。たとえば先ほどのアイドルグループ「嵐」の例だと，「嵐っぽい顔」の人を 5 人集めて平均顔を計算するからこそ，平均顔が嵐の特徴を表すのです。

同様に，現象に共通する特徴を探るためには，その現象を特徴づける客観的な「選抜条件」すなわち「客観的基準」が必要です。たとえば「Niño3.4 が 2℃以上になった年の 12 月」という条件を課せば，先ほどの「スーパーエルニーニョ」イベントのコンポジット図になります（図 7.3）。

■ 7.1.4 コンポジット解析と S/N 比

一般に，「選抜条件」を緩めるほど，多くのサンプルを平均することになるため，ノイズ（noise）（データのうち注目していない部分）が減りますが，シグナル（signal）（データのうち注目している部分）も減ります。つまり，平均するデータ数が多ければ多いほど，ノイズの少ないコンポジットを得ることができます。逆に，平均するデータの基準がきつすぎると，ノイズが増えてしまいます。

シグナル（S）とノイズ（N）の比を **S/N 比（signal-to-noise ratio）** と呼びます。S/N
比の大きなコンポジットを得るために，コンポジットの客観的基準をしっかり考える
必要があります。

■ 7.1.5　複数データを用いたコンポジット解析

コンポジット解析を行うときのインデックスは，必ずしも上記の例のように，合成
されるデータから得られたものである必要はありません。つまり，海面水温のコンポ
ジット図を作るからといって，海面水温から作られたインデックスを使う必要はあり
ません。

たとえば，「Niño3.4 が 2°C以上になった月」という基準で気温偏差のコンポジット
図を描くと，エルニーニョが起こるとどういう気温分布になるのかがわかります（章
末 B 問題）。逆に，「東京の気温偏差が 2°C以上だった月」という基準で海面水温偏差
のコンポジット図を描くと，東京の気温が暑くなるときにどういう海面水温分布にな
るのかがわかります（章末 C 問題）。

7.2 │ インデックスを計算する準備

■ 7.2.1　モジュールのインポート

ここからは具体的なプログラミングに入ります。まず，本章で使うモジュールをイ
ンポートします。

```
import numpy as np
import matplotlib.pyplot as plt
from matplotlib.colors import Normalize
```

■ 7.2.2　下準備：データセットの読み込みと関数の定義

本章もいきなり海面水温から始めます。まず，第 5 章で計算した「デトレンド済み
の海面水温偏差」のデータを読み込みます（データリンク集にも置いてあります）。

ここで必要なデータ：detrended_ssta_OISST.npz

```
loadfile = 'detrended_ssta_OISST.npz' # デトレンド済みSST偏差の入力ファイル名
ssta_dataset = np.load(loadfile) # データセットはまずデータセットごと入力する
ssta = ssta_dataset['ssta'] # 海面水温偏差を変数sstaに保存
lon2 = ssta_dataset['lon2'] # 経度(longitude)を変数lon2に保存
lat2 = ssta_dataset['lat2'] # 緯度(latitude)を変数lat2に保存
y = ssta_dataset['y'] # 年(year)を変数yに保存
m = ssta_dataset['m'] # 月(month)を変数mに保存
```

```
# 1月始まり12月終わりになるように，1982年から2019年のみのデータを用いる
ssta = ssta[:, :, (1982 <= y)*(y <= 2019)]
m = m[(1982 <= y)*(y <= 2019)]
y = y[(1982 <= y)*(y <= 2019)]
# y自身のサイズが変わってしまうので，yは一番最後に書き換えないとダメ
```

次に，気象場を描画する関数を定義します。本章では，描画する 2 次元場（field
と呼ぶことにする）自体を引数にとることで，SST 偏差に限らず色々な場を表示でき
るようにしてみましょう。

```
def draw_field(field, fig_title, vmin = -6, vmax = 6, vint = 1):

    plt.figure()
    cm = plt.get_cmap('seismic')
    cs = plt.contourf(lon2, lat2, field,\
                 cmap=cm, norm=Normalize(vmin=vmin, vmax=vmax),\
                 levels=np.arange(vmin,vmax+vint,vint), extend='both')
    plt.colorbar(cs)
    plt.xlabel('Longitude')
    plt.ylabel('Latitude')
    title = fig_title
    plt.title(title)
    plt.xlim(0, 360)
    plt.ylim(-90, 90)
    plt.show()
```

最後に，前章で学んだように領域平均を計算する関数，描画する関数を定義してお
きます。

```
# 領域平均をとる関数
def aave(west, east, south, north, var = ssta):
    var = var[(west<=lon2[:, 1])*(lon2[:, 1]<=east),:, :]
    var = var[:, (south<=lat2[1, :])*(lat2[1, :]<=north), :]
    aave_var = np.nanmean(np.nanmean(var, 0), 0)
    return aave_var

# 月別の時系列を2つ描画する関数
def plot_2_mon_time(time_series1, time_series2,\
                 lower = -3, upper = 3, \
                 init_year=1982, fin_year=2020):
    mon = np.arange(1982, 2020, 1/12)
    plt.plot(mon, time_series1)
    plt.plot(mon, time_series2, 'r:')
    plt.plot(mon, 0*time_series1, 'k')
    plt.xlim(init_year, fin_year)
    plt.ylim(lower, upper)
    plt.show()
```

7.3 | コンポジット解析（合成図解析）

　前章までは，大きなエルニーニョ現象が起こったときの例として，以下のようにある特定の月の海面水温偏差をお見せしてきました。

```
# 1982年12月の海面水温偏差を描画
draw_field(np.squeeze(ssta[:, :, (y==1982)*(m==12)]), 'SSTA 1982/12')
```

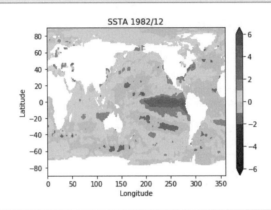

```
# 1997年12月の海面水温偏差を描画
draw_field(np.squeeze(ssta[:, :, (y==1997)*(m==12)]), 'SSTA 1997/12')
```

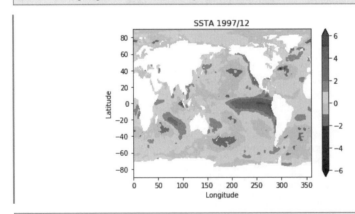

```
# 2015年12月の海面水温偏差を描画
draw_field(np.squeeze(ssta[:, :, (y==2015)*(m==12)]), 'SSTA 2015/12')
```

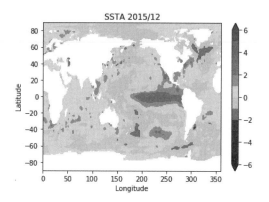

　しかし，地球上のどの部分がエルニーニョ現象に関係のある偏差で，どの部分が関係のない偏差なのかは，特定の月の偏差を見るだけではわからないですよね。

　そこで，大きなエルニーニョ現象が起こった月を選んで，そのときの海面水温偏差のみの平均をとって描画することによって，エルニーニョ現象に関係のある（取り出した月に共通する特徴である）海面水温偏差のみを取り出すことができます。衛星観測が始まった 1979 年以降，「スーパーエルニーニョ」が起こったのは，上記の 1982 年 12 月，1997 年 12 月，2015 年 12 月の 3 回ですので，それらを平均した海面水温偏差を計算してみましょう。

```
# 「(1982年または1997年または2015年)かつ(12月)」が↵
    Trueになるデータだけを抜き出す
super_nino_data = ssta[:, :, ((y==1982)+(y==1997)+(y==2015))*(m==12)]

# 抜き出したデータの時間方向（配列の第3次元）について平均をとる
super_nino_composite = np.mean(super_nino_data, 2)

# 描画
draw_field(super_nino_composite, \
          'Composited SSTA for the Super El Niño events')
```

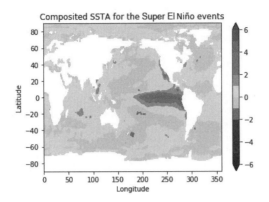

このように平均をとることによって，いま注目したい部分（いまの場合は熱帯東太平洋）以外のノイズがかなり抑えられていることがわかります。これは，本節の冒頭で示した個々の月の海面水温偏差の図と比べると一目瞭然です。

7.1 節で説明したように，ある特定の条件を満たすようなデータのみを取り出して偏差の平均をとることにより，その条件を満たすデータに共通する性質を抜き出す解析のことを**コンポジット解析**（合成図解析; **composite analysis; compositing**）といいます。コンポジットを行うことによって，上記のように「スーパーエルニーニョが発生した際の典型的な海面水温偏差」を描くことができます。

7.4 │ 客観的なコンポジットをとる

先ほどは，「スーパーエルニーニョが起こったのは 3 回」と書きましたが，著者があなたをデータで騙すために，意図的に嘘をついているかもしれません。そのようなことがないように，コンポジットを見せるときは，必ずコンポジットをとる基準を明記する必要があります。

たとえば，上記のコンポジットは，「Niño3.4 が 2℃以上になった年の 12 月のコンポジット」と表現できるので，客観的なコンポジットだといえます。

```
nino34 = aave(190, 240, -5, 5)
plot_2_mon_time(nino34, 2*np.ones(nino34.shape))
# np.ones(nino34.shape)は，nino34と同じ大きさをもった配列の
# 中身に1を敷き詰めたもの
```

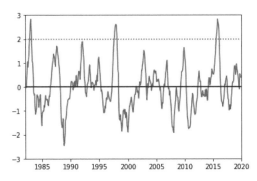

　この図を見ると，確かにスーパーエルニーニョはお見せした３年分なので，著者は嘘をついていなかったことがわかります。

　あるいは，「スーパー」であることや12月にこだわらなければ，少しエルニーニョの基準を緩めることもできます。たとえば「Niño3.4指数が1℃以上になった月」のことをエルニーニョ現象だと呼ぶことに決めれば，そのようなコンポジットを作ることもありえます。

```
# 「Nino3.4指数が1℃以上になった月」なら結構たくさんある
plot_2_mon_time(nino34, 1*np.ones(nino34.shape))
```

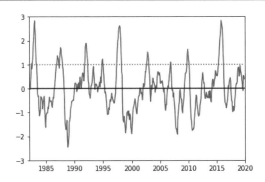

```
# 「Nino3.4指数が1℃以上になった月」がTrueになるデータだけを抜き出す
super_nino_data = ssta[:, :, (nino34>1)]

# 抜き出したデータの時間方向（配列の第3次元）について平均をとる
super_nino_composite = np.mean(super_nino_data, 2)

# 描画
draw_field(super_nino_composite, \
          'Composited SSTA for months when Niño3.4 > 1 ℃',\
          -3, 3, 0.5)
```

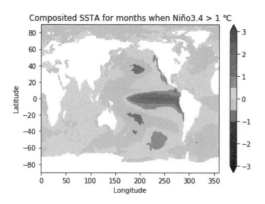

Composited SSTA for months when Niño3.4 > 1 ℃

　こうすると，振幅は小さくなったものの，かなり美しい「典型的エルニーニョ像」が
導き出されました。

　7.1 節で説明した通り，気象データ解析においてコンポジットをとるモチベーション
は，ノイズ（**N**）を除去し，見たいシグナル（**S**）のみを抽出するということでした。
今回の「Niño3.4 指数が 1℃以上になった月」というのは，S/N 比の大きなコンポジッ
トを得られる適切な基準だったといえるでしょう。

7.5 章 末 問 題

　A 問題. エルニーニョ現象とは逆に，Niño3.4 海域が冷たくなる現象である「ラニー
ニャ現象」の海面水温偏差コンポジット図を，上の例にならって適切な客観的基準を
考えて定めることによって描画してください。ラニーニャ現象の際の海面水温分布は，
エルニーニョ現象をただ寒暖反転させたものとはどのように異なっているでしょうか。

　B 問題. コンポジットをとる基準は，何もコンポジットをとられる側のデータに由
来するものである必要はありません。たとえば，地上 2 m 気温偏差の様子を知るため
にコンポジットをとるからといって，地上 2 m 気温偏差自身から作ったインデックス
を用いる必要はありません。

　地上 2 m 気温偏差データ t2ma_erai.npz をデータリンク集からダウンロードし，
エルニーニョ現象およびラニーニャ現象が発生した際の，地上 2 m 気温偏差のコンポ
ジット図をそれぞれ作成してください（.npz ファイルの中身の調べ方がわからない
方は，第 2 章を復習してください）。両方のデータに共通する期間である **1982 年か
ら 2018 年**のみ抜き出して解析してくれれば大丈夫です（これを最初にやり忘れると

boolean index did not match のエラーが出ます）。

　これにより，エルニーニョ現象とラニーニャ現象が発生した際には，世界はどのような気温の分布になる傾向があるのかを**自分の言葉**で説明してください。

　ここで必要なデータ：t2ma_erai.npz

　（ヒント：まずエルニーニョ現象の発生を定義するために，海面水温から計算したNiño3.4 インデックスを用いて客観的基準を定めることによって，「エルニーニョ現象が発生した月」のみを地上 2 m 気温偏差のデータから抜き出します。次に，その抜き出したデータを平均し，気温の空間分布を求めれば OK です。抜き出すデータが海面水温ではなくなったこと以外，本文と手順は全く同じです。それができたら，同様のことをラニーニャ現象についてもやってみてください。）

　C 問題. 「1982 年から 2019 年の東京の気温偏差」（計算方法は第 4 章を復習）そのものをインデックスとして，「東京が暑かった／寒かった月」を適切な客観的基準を定めることによって適当な数抜き出し，海面水温データをその抜き出した期間のみについて平均することで，東京が暑かった月や寒かった月の海面水温偏差のコンポジット図を描画することができます。これにより，過去に東京の気温が高く／低くなった際に，どういう海面水温分布が観測される傾向があったかを調べてみてください。

　（ヒント：今度は B 問題とは逆で，インデックスが海面水温由来ではなくなったこと以外，やはり本文と手順は全く同じです。余裕があれば，季節を限定したり，カラーバーを変えたりしながら，グローバルに，あるいは日本近海のみに着目しても構いません。自由に考察してください。）

　D 問題. Brier and Bradley (1964)[1] を読んで，月の満ち欠けと雨量の関係を調べるために，コンポジット解析がどのように使われているのかを**自分の言葉**で説明しましょう。

---

[1]　Brier, G. W. and Bradley, D. A. (1964). The lunar synodical period and precipitation in the United States. *J. Atmos. Sci.*, **21**(4), 386–395. https://journals.ametsoc.org/jas/article/21/4/386/17078（2023–12–21 閲覧）

8 回帰係数と相関係数

本章では，2つのデータ x と y に共通する変動を定量化する方法を学びます。特に，回帰係数と相関係数という量の定義を学ぶことで，2つのデータ x, y の関係を直線 $y = ax$ で近似して考察できるようになるのが目標です。

8.1 | 回帰係数と相関係数に関する背景知識

■ 8.1.1 東京と宇都宮の気温の関係

図 8.1 は，東京と宇都宮の気温偏差を重ねてプロットしたものです。白黒だと2つの線が重なっていることがわからないくらい，非常に似た時系列になっていますね。

気候値を引いた偏差を示しているので，季節変化（夏は暑く，冬は寒い）はすでに除去しています。それゆえ，2つの時系列が似ているのは季節のせいではありません。ただ，東京が寒い年は，宇都宮も寒いでしょうから，似ていても不思議な時系列でもありません。

東京が暖冬だと宇都宮も暖冬

東京（赤）と宇都宮（青）の気温偏差
※季節変動は除去済み。

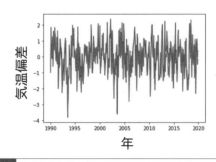

東京が1℃上がると，
宇都宮は何℃上がる？

東京と宇都宮の気温の
変動は，どのくらい比
例関係にある？

図 8.1 東京と宇都宮の気温

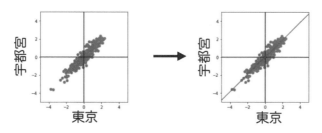

y=axでエイヤッと近似してみる

「東京が1℃上がったとき，宇都宮は何℃上がるか」

このときの「直線の傾きa」が**回帰係数**
単位は℃/℃ （あるいは無単位）

図 8.2 宇都宮の気温偏差の，東京の気温偏差に対する回帰係数

　素朴な疑問として，東京が1℃上がると，宇都宮は何℃上がっているのでしょうか？ また，東京と宇都宮の気温の変動は，どのくらい比例関係にあるといえるのでしょうか？　本章では，そのような「2つの時系列の関係」を定量化するための手法を学びます。

■ 8.1.2　回帰係数と相関係数

　「東京が1℃上がると，宇都宮は何℃上がっているのか？」を定量化するためには，**回帰係数（regression coefficient）**という数を計算します。いまの例の場合，東京と宇都宮の気温偏差で散布図を書いたときに，直線 $y = ax$ でその点の散らばりを思いきって近似して，その直線の傾きを求めたものが回帰係数です（図 8.2）。

　また，そのような直線のことを**回帰直線（regression line）**といいます。回帰係数の単位は，℃/℃（東京の気温上昇1℃あたり宇都宮は何℃上昇するか），あるいはそれを約分して無単位とします。

　一方，回帰係数が同じでも，「回帰直線にどれだけデータ点がきちんと乗っているか」が違う場合があります。これを定量化するためには，**相関係数（correlation coefficient）**という数を計算します。相関係数は，データ点の散らばりが回帰直線でよく近似できているほど高くなります（図 8.3）。

　相関係数の符号は，回帰係数の符号と一致します。このとき，「A が上がれば B も上がる」ような関係を正の相関がある（**positively correlated**）といい，「A が上がると B は下がる」ような関係を負の相関がある（**negatively correlated**）といいます。

同じ回帰係数でも，直線への「ノリ」は違うかも

「どれだけちゃんとy=axに乗っているか」を**相関係数**という

「相関が大きい」   「相関が小さい」

図 8.3 東京と宇都宮の気温偏差の相関係数

　また，相関係数のとりうる範囲は −1 から 1 です。2 つのデータがほぼ完全な比例関係であるとき，相関係数の絶対値は 1 に近くなります。逆に，2 つのデータが全く比例関係にあるとはいえないような，絶対値が 0 に近い相関のことを，無相関である（**uncorrelated**），あるいは直交している（**orthogonal**）などといいます。

8.2 | 回帰係数・相関係数を計算する準備

■ 8.2.1　モジュールのインポート

　ここからは具体的なプログラミングに入ります。まず，本章で使うモジュールをインポートします。

```
import numpy as np
import matplotlib.pyplot as plt
from matplotlib.colors import Normalize
from scipy import signal
```

■ 8.2.2　データの読み込み，解析の「下準備」

　気象庁が提供している東京と宇都宮の気温を，本書のデータリンク集からダウンロードして読み込んでおきましょう。

　ここで必要なデータ：Tokyo_temp.csv と Utsunomiya_temp.csv

```
tokyo_temp = np.genfromtxt("Tokyo_temp.csv",   # ファイルのパスを書く
                delimiter=",",      # 区切り文字
                usecols=(0, 1, 2) # 読み込みたい列番号
                )
utsu_temp = np.genfromtxt("Utsunomiya_temp.csv",   # ファイルのパスを書く
                delimiter=",",      # 区切り文字
                usecols=(0, 1, 2) # 読み込みたい列番号
                )
y = tokyo_temp[:, 0]
m = tokyo_temp[:, 1]
tokyo = tokyo_temp[:, 2]
utsu = utsu_temp[:, 2]

# 今回は1990年から2019年の30年分のデータを用いる
tokyo = tokyo[(1990 <= y)*(y <= 2019)]
utsu = utsu[(1990 <= y)*(y <= 2019)]
m = m[(1990 <= y)*(y <= 2019)]
y = y[(1990 <= y)*(y <= 2019)]

# 気候値の計算
tokyoc= np.zeros((12))
utsuc= np.zeros((12))
for mm in range(1, 13):
    tokyoc[mm-1] = np.nanmean(tokyo[m==mm], 0)
    utsuc[mm-1] = np.nanmean(utsu[m==mm], 0)

# 偏差の計算
tokyoa = np.zeros((tokyo.shape))
utsua = np.zeros((utsu.shape))
for yy in range(1990, 2020):
    for mm in range(1, 13):
        tokyoa[(y==yy)*(m==mm)] = tokyo[(y==yy)*(m==mm)] - tokyoc[mm-1]
        utsua[(y==yy)*(m==mm)] = utsu[(y==yy)*(m==mm)] - utsuc[mm-1]
# 今回は温暖化には興味がないのでデトレンド
tokyoa = signal.detrend(tokyoa)
utsua = signal.detrend(utsua)
```

8.3 | 回帰係数の計算

　まず，東京の気温偏差を x, 宇都宮の気温偏差を y として，xy 平面上に散布図を描いてみましょう。

```
import matplotlib as mpl

def draw_scatter(x, y, xname, yname):
    plt.scatter(x, y)
```

```
plt.axhline(y=0, xmin=-10, xmax=10, color='k')
plt.axvline(x=0, ymin=-10, ymax=10, color='k')
plt.xlim(-5, 5)
plt.ylim(-5, 5)
plt.xlabel(xname)
plt.ylabel(yname)
plt.gca().set_aspect('equal', adjustable='box')
# 縦横比を1:1にした
draw_scatter(tokyoa, utsua, 'Tokyo (°C)', 'Utsunomiya (°C)')
```

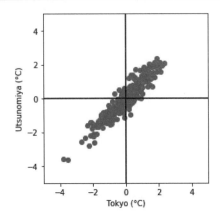

　第 5 章ですでに出てきていますが，点列 (x_i, y_i) $(i = 1, 2, 3, \ldots, N)$ が与えられたとき（N はデータ数），「最小 2 乗法」という方法によって，点全体の散らばりを最もよく近似する直線 $y = ax + b$（**回帰直線; regression line**）における傾き a と切片 b を求めるには，[a, b] = np.polyfit(x, y, 1) という関数を用います。

```
[a, b] = np.polyfit(tokyoa, utsua, 1)
```

　直線 $y = ax + b$ を重ねて，赤色で描画してみましょう。

```
# 散布図を描画
draw_scatter(tokyoa, utsua, 'Tokyo (°C)', 'Utsunomiya (°C)')

# 点(-10, a*(-10)+b)と点(10, a*(10)+b)を繋げる直線を引く
x = np.array([-10, 10]) # グラフの端である5より大きければよい
plt.plot(x, a*x + b, 'r')
plt.show()
```

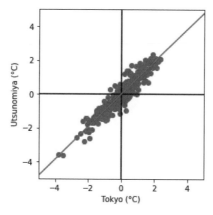

特に，この傾き a を回帰係数（**regression coefficient**）と呼びます。すでに説明した通り，ここでは横軸も縦軸も℃なので，回帰係数の単位は「℃/℃」または無単位です。

また，今回の回帰係数の値は

```
a
```

```
0.9620619831036824
```

なので，東京の気温が1℃上がるとき，宇都宮は0.96℃上がっているという解釈になります。

もちろんここまでは「このデータと解析に絶対の信頼を置くとすれば」の話なので，実際にはこの推定には不確かさがあります。ただ，ここではそういう細かいことは忘れて数字をそのままの意味で読み取ると，宇都宮のほうが東京よりもちょっとだけ，年々の気温変化が緩やかであるといえます。

ちなみに切片 b については，今回の場合

```
b
```

```
-8.649122905631364e-17
```

となっており，これは数学的には厳密にゼロです。切片 b は，「一年を通して東京より宇都宮のほうが寒い」のような効果を表す数ですので，これは気候値を除去した時点で差し引かれているからです。

偏差同士の回帰直線は，常に $y = ax$ の形をしているということは，頭の片隅に入れておいてください。

8.4 | 相関係数の計算

回帰係数は，最もよく近似する直線の傾きを与えたにすぎず，「どれだけよく直線に乗っているか」を表してはいません。どんなに点がバラバラでも，わずかな偏りを見つけてエイヤッと引けてしまうのが回帰直線です。

それに対し，「どれだけよく直線に乗っているか」「どれだけ比例関係にあるといえるか」「エイヤッと回帰直線を引くことがどの程度許されるのか」を表す係数を**相関係数（correlation coefficient）**といい，慣例的には r で表します。

点 (x_i, y_i) $(i = 1, 2, 3, \ldots, N)$ という点列が与えられたとき（N はデータ数），それらの相関係数（$y = ax$ にどれだけ点がよく乗っているか）を求めるには np.corrcoef(x, y)[1, 0] という関数を使います[*1]。

```
np.corrcoef(tokyoa, utsua)[1, 0]
```

```
0.9385239274981371
```

相関係数の取りうる範囲は，$-1 \leq r \leq 1$ です。なぜなら，数学的には相関係数は偏差を並べた N 次元ベクトル $\vec{x} := (x_1, x_2, \ldots, x_N)$ と $\vec{y} := (y_1, y_2, \ldots, y_N)$ のなす角 θ のコサインで定義されるからです。

$$r := cos\theta = \frac{\vec{x} \cdot \vec{y}}{|\vec{x}||\vec{y}|}$$

```
np.dot(tokyoa, utsua)/np.sqrt(np.dot(tokyoa, tokyoa)*np.dot(utsua, utsua))
# np.dot(x, y)はxとyの内積，np.sqrtは平方根
```

```
0.938523927498137
```

確かに np.corrcoef で計算したのと同じ値になっていますね。

数学的定義から順を追って考えればわかると思いますが，点列 (x_i, y_i) の相関係数 r について

- $r = 1$ となるケース $(\vec{y} = a\vec{x}, a > 0)$ は，点列 (x_i, y_i) が完璧に回帰直線 $y = ax$ に乗り，かつ回帰係数 a が正であるとき
- $0 < r < 1$ となるケースは，回帰直線 $y = ax$ にパラパラ乗り，かつ回帰係数 a が

[*1] np.corrcoef は相関行列を求めるコマンドです。それゆえ，相関係数を求めるためには，その $(2, 1)$ 成分を抜き出すために [1, 0] の部分が必要です。相関行列は対称行列なので，[0, 1] と書いて $(1, 2)$ 成分を抜き出しても構いません。

正であるとき（正の相関があるという）

- $r = 0$ となるケース ($\vec{x} \cdot \vec{y} = 0$) は，$x$ と y が全く比例関係にないとき（無相関である，直交しているなどという）
- $-1 < r < 0$ となるケースは，回帰直線 $y = ax$ にパラパラ乗り，かつ回帰係数 a が負であるとき（負の相関があるという）
- $r = -1$ となるケース ($\vec{y} = a\vec{x}, a < 0$) は，点列 (x_i, y_i) が完璧に回帰直線 $y = ax$ に乗り，かつ回帰係数 a が負であるとき

というように場合分けされます。

東京と宇都宮の相関係数は 0.94 ですので，「東京が暖かいときは宇都宮も暖かい」というかなり強い正の相関があるということになります。

8.5 回帰係数と相関係数の例

それでは，いくつか例を見てみましょう。

■ 8.5.1 $a = 2, r = 1$ のとき

相関係数が 1 であるようなケースでは，データ点が完璧に回帰直線に乗ります。

```
np.corrcoef(tokyoa, 2*tokyoa)[1, 0]
```

```
0.9999999999999998
```

```
draw_scatter(tokyoa, 2*tokyoa, 'Tokyo (°C)', '2*Tokyo (°C)')
```

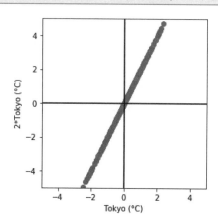

■8.5.2 $a \simeq -1, r \simeq -0.9$ のとき

強い負の相関がある場合，「x が大きいほど y が小さい」という関係になります。

```
np.corrcoef(tokyoa, -utsua)[1, 0]
```

```
-0.9385239274981371
```

```
draw_scatter(tokyoa, -utsua, 'Tokyo (°C)', '-Utsunomiya (°C)')
```

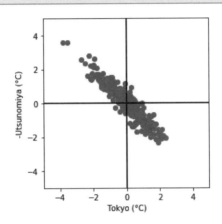

このケースでも相関係数の絶対値が 1 に近いので，データ点がかなり綺麗に直線状に並んでいます。

■8.5.3 $a \simeq -0.33, r \simeq -0.9$ のとき

1 つ前の例と相関は同じですが，回帰の絶対値が小さい場合を見てみましょう。

```
np.corrcoef(tokyoa, -utsua/3)[1, 0]
```

```
-0.9385239274981366
```

```
draw_scatter(tokyoa, -utsua/3, 'Tokyo (°C)', '-(1/3)*Utsunomiya (°C)')
```

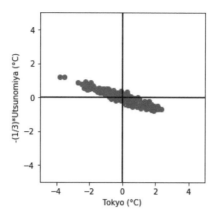

このケースでは，前の例とほぼ同じようにデータが直線状に並んでいますが，その直線の傾きがなだらかになっています。

■ 8.5.4 $a \simeq -1, r \simeq -0.4$ のとき

逆に，先ほどの例と回帰係数は同じで，相関が弱い場合はどうでしょうか。

```
# 標準正規分布に従う乱数を2種類発生させる
noiseA = (np.random.randn(360))
noiseB = (np.random.randn(360))

np.corrcoef(tokyoa + noiseA, -tokyoa + noiseB)[1, 0]
```

```
-0.4187080979467457
```

```
draw_scatter(tokyoa + noiseA, -tokyoa + noiseB,\
             'Tokyo (°C) + noiseA', '-Tokyo (°C) + noiseB')
```

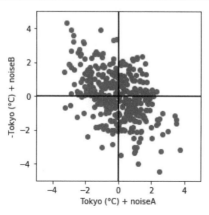

このケースでは，先ほどよりもぼんやりと直線状にデータが並んでいますが，その直線の傾きは変わっていません。

■ 8.5.5 $r \simeq 0$ のとき

▶ a.　無関係ならば無相関

x と y が無関係である（独立である；**independent**）例を見てみましょう。この場合は必ず無相関になります。

```
np.corrcoef(noiseA, noiseB) [1, 0]
```

0.11623891985947016

```
draw_scatter(noiseA, noiseB, 'noise', 'noise')
```

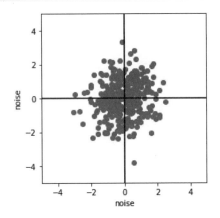

▶ b.　無相関でも無関係とは限らない：Part1

逆に，無相関だからといって，必ずしも無関係（独立）であるとは限りません。

```
np.corrcoef(noiseA, noiseA**2-2)[1, 0]
```

-0.14010240465616952

```
draw_scatter(noiseA, noiseA**2-2, 'noise', 'noise^2-2')
```

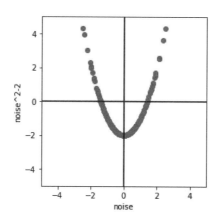

このように，データが完全な放物線に乗っていたとしても，相関係数はほとんどゼロになります。単に，データが直線状に並んでいないからです。

放物線上の点 (x, y) が東京と宇都宮の気温の組だと思うことにして，それぞれの気温を時系列にプロットしてみましょう。

```
mon = np.arange(1990, 2020, 1/12)
plt.plot(mon, noiseA, 'b') # xを青実線で描画
plt.plot(mon, noiseA**2-2, 'r--') # yを赤破線で描画
plt.xlim([2000, 2005])
plt.ylim([-4, 4])
plt.show()
```

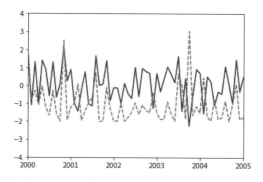

正直，見た目だけでは x と y の関係はよくわからないですね。ですので，時系列データであっても，ときには散布図上にプロットしてみることも大事です。

▶ c. 無相関でも無関係とは限らない：Part2

もう一つ，「無相関だからといって，必ずしも無関係（独立）であるとは限らない」という例を見てみましょう。

```
np.corrcoef(3*np.cos(2*np.pi*noiseA), 3*np.sin(2*np.pi*noiseA))[1, 0]
```

0.04499064976843858

```
draw_scatter(3*np.cos(2*np.pi*noiseA), 3*np.sin(2*np.pi*noiseA),\
             '3*cos(2*PI*noise)', '3*sin(2*PI*noise)')
```

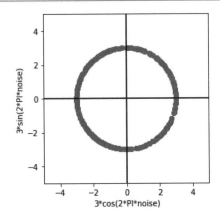

このように，データが完全な円に乗っていたとしても，相関係数はほとんどゼロになります。これもやはり理屈は同じで，データが直線状に並んでいないからです。

先ほどと同じように，時系列にプロットしてみましょう。

```
plt.plot(mon, 3*np.cos(2*np.pi*noiseA), 'b')
plt.plot(mon, 3*np.sin(2*np.pi*noiseA), 'r--')
plt.xlim([2000, 2005])
plt.show()
```

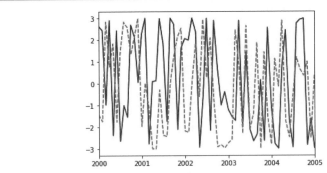

やはり，見た目だけでは x と y の関係はよくわからないですね。

ここで挙げてきた例から得られる教訓は，相関係数は「x と y が無関係か」を確かめる指標ではなく，「x と y は比例関係にあるか」の指標にすぎないということです。

8.6 | 章末問題

A 問題. 回帰係数・相関係数とは何か，自分の言葉で簡単に説明してください。答案は短くてよいです。

B 問題. 気象に限らなくてよいので，身近な例で回帰係数と相関係数について説明してください。

C 問題. あなたの趣味などの自由なデータについて，本文の例のように散布図を描き，回帰係数や相関係数を計算してみてください。

D 問題. アパレル業界で働くミカさんとカズハさんは，東京の湿度が夏物ワンピースの売り上げに影響するのかどうかに興味をもち，湿度と夏物ワンピース売上額の月別データを数年分用意しました。ミカさんは，湿度と夏物ワンピース売上額のデータについてそのまま相関係数を計算しました。カズハさんは，湿度と夏物ワンピース売上額のデータについて，まずそれぞれの気候値とトレンドを除去して，偏差のデータにしてから相関係数を計算しました。

D-1. どちらの相関係数が高く出るでしょうか。

D-2. どちらの解析が本目的に対して，より妥当な解析でしょうか。

あなたの考えを，理由とともに**自分の言葉**で説明してください。また，（衣服に限らなくていいので）適当な「季節変動する経済活動」に関するデータをインターネット上で探し，上記の状況を模したデータ解析の結果を示してください（気象データのダウンロード方法は第 3 章章末 C 問題参照）。

（ヒント：ミカさんの解析を，湿度と夏物ワンピース売り上げの代わりに，ロス海海氷面積とアイスクリーム生産量で行うと，C 問題の巻末解答例のように相関が高くなります。ただしこの相関は，「日本の夏には，南極付近の海氷も，アイスクリームの生産量も増える」ということを表しているだけであって，南極海氷の量がアイスクリーム生産量に影響しているわけではありません。季節変動の大きな 2 つのデータから，このように季節変動を除去せずに相関係数を計算すると，特に因果関係がなくても相関係数は高くなりがちです。）

9 回帰図と相関図

　本章では，回帰係数や相関係数の空間分布を図示する方法を学びます。特に，回帰図と相関図と呼ばれる図を描画することで，特定のインデックスとの関係が強い場所を炙り出すのが目標です。

9.1 ｜ 回帰図と相関図に関する背景知識

■ 9.1.1　コンポジット図の 2 つの欠点

　第 7 章で学んだコンポジット解析は，極端現象の特徴を解析するためには非常に優れた方法である一方で，基準を満たさない大部分の残りのデータは捨てることになります（図 9.1）。エルニーニョ現象のように卓越した現象ならば，S/N 比を高くしやすいのでコンポジット解析でよいのですが，全てのデータを使って少しでも S/N 比を上げたい場合には，必ずしも良い方法とはいえません。

　また，インデックスが負になったときの特徴を記述するには，もう 1 枚図が必要に

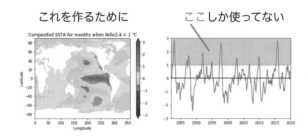

図 9.1　コンポジット図の欠点（データを生かしきれない）

コンポジット図の欠点2

正と負を記述するのに2枚必要

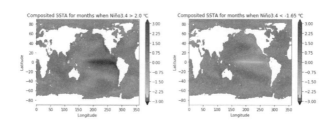

正負がほぼ対称な変動なら，
1枚にまとめた方が本質に注目しやすい

図 9.2 コンポジット図の欠点（正負対称のとき冗長。実際の図はカラーなので，ここではモノクロでも見やすいよう濃度を変更しています）

なりますので，最もシンプルに物事を理解したいときには向きません（図 9.2）。

■ 9.1.2 回帰図

上記のようなコンポジット解析の短所を補うために，コンポジット図と相補的に用いられる方法として，回帰図（**regression map**）というものが存在します。回帰図とは，1 つのインデックスと各地点の気象場の間で計算される各地点の回帰係数を描画したものです。

たとえば，海面水温（SST）の Niño3.4 指数に対する回帰図を書きたいとすると，

x = Niño3.4 指数 と y =「(1°N, 1°E) の SST」との回帰係数を（1°N, 1°E）に描く
x = Niño3.4 指数 と y =「(1°N, 2°E) の SST」との回帰係数を（1°N, 2°E）に描く
$\cdots$
x = Niño3.4 指数 と y =「(90°S, 1°W) の SST」との回帰係数を（90°S, 1°W）に描く

という具合に，地球全体の回帰係数をそれぞれ求めて，全部の回帰係数を 1 つの地図上に描画します（図 9.3）。

数式を使って書くと，N ヶ月分のインデックス x_i と各点の気象場 $y_i(\lambda, \phi)$ の組

$$(x_i, y_i(\lambda, \phi)) \quad (i = 1, 2, \ldots, N)$$

について，各点の回帰係数 $a(\lambda, \phi)$ を求めて描画したものといえます。ただしここで，

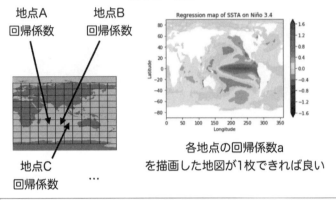

図 9.3 回帰図の計算（地図画像は「世界地図を作ろう」より*1)）

i は時刻方向の添字，N はデータ数，λ は経度，ϕ は緯度です。

9.1.3 回帰図の解釈

　この回帰図は，「**Niño3.4 が 1°C上がったとき**，各地点の海面水温が何°Cくらい上がる傾向があったかを表した図」ということになります。言い換えると，**Niño3.4** が 1°C下がったときには，回帰図の符号を反転した図に近い状態が実現される傾向にあることにもなります。これは，コンポジット図にはなかった特徴です。

9.1.4 相関図

　回帰図と同じことを，回帰係数の代わりに相関係数でやったものを，相関図（**correlation map**）といいます。たとえば，Niño3.4 指数と海面水温の相関図は，「**Niño3.4 と各地点の海面水温の間にどれだけ比例に近い関係が成り立つかを表した図**」ということになります。

　回帰図と相関図を比較すると，回帰係数は必ずしも大きくなくても，相関係数は大きい海域が結構あることに気づくと思います。これは，エルニーニョやラニーニャに伴って変動する海面水温の振幅（°C）（エルニーニョへの感度（**sensitivity**））は必ずし

---

*1) 世界地図を作ろう「正距円筒図法」http://atlas.cdx.jp/projection/prj12.htm （2023–12–21 閲覧）

回帰図と相関図の比較

回帰図と同じことを相関係数でやったもの

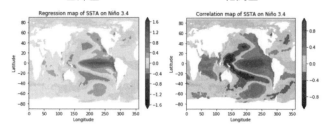

回帰図 　　　　　　　　　　 相関図

振幅（℃）は必ずしも大きくなくても
相関は大きいところは結構ある

図 9.4　回帰図と相関図から，それぞれ感度と比例関係の程度を知る

も大きくなくても，Niño3.4 と高い相関関係がある海域は世界各地に広がっていると
いうことを表しています（図 9.4）。

9.2 | 回帰図と相関図を計算する準備

■ 9.2.1　モジュールのインポート

ここからは具体的なプログラミングに入ります。まず，本章で使うモジュールをイ
ンポートします。

```
import numpy as np
import matplotlib.pyplot as plt
from matplotlib.colors import Normalize
```

■ 9.2.2　下準備：データセットの読み込みと関数の定義

今回は，前章で学んだ回帰係数と相関係数を，海面水温のような 2 次元場に応用す
る方法を学びます。まずは，いつもの下準備です。

ここで必要なデータ：`detrended_ssta_OISST.npz`

```
# データセットの読み込み
loadfile = 'detrended_ssta_OISST.npz' # デトレンド済みSST偏差の入力ファイル名
ssta_dataset = np.load(loadfile) # データセットはまずデータセットごと入力します
ssta = ssta_dataset['ssta'] # 海面水温偏差を変数sstaに保存
lon2 = ssta_dataset['lon2'] # 経度(longitude)を変数lon2に保存
lat2 = ssta_dataset['lat2'] # 緯度(latitude)を変数lat2に保存
```

```
y = ssta_dataset['y'] # 年(year)を変数yに保存
m = ssta_dataset['m'] # 月(month)を変数mに保存

# 1月始まり12月終わりになるように，1982年から2019年のみのデータを用いる
ssta = ssta[:, :, (1982 <= y)*(y <= 2019)]
m = m[(1982 <= y)*(y <= 2019)]
y = y[(1982 <= y)*(y <= 2019)]
# y自身のサイズが変わってしまうので，yは一番最後に書き換えないとダメ

# 気象場を描画する関数
def draw_field(field, fig_title, vmin = -6, vmax = 6, vint = 1):

    plt.figure()
    cm = plt.get_cmap('seismic')
    cs = plt.contourf(lon2, lat2, field,\
                cmap=cm, norm=Normalize(vmin=vmin, vmax=vmax),\
                levels=np.arange(vmin,vmax+vint,vint), extend='both')
    plt.colorbar(cs)
    plt.xlabel('Longitude')
    plt.ylabel('Latitude')
    title = fig_title
    plt.title(title)
    plt.xlim(0, 360)
    plt.ylim(-90, 90)
    plt.show()

# 領域平均をとる関数
def aave(west, east, south, north, var = ssta):
    var = var[(west<=lon2[:, 1])*(lon2[:, 1]<=east),:, :]
    var = var[:, (south<=lat2[1, :])*(lat2[1, :]<=north), :]
    aave_var = np.nanmean(np.nanmean(var, 0), 0)
    return aave_var

# 月別の時系列を描画する関数
def plot_mon_time(time_series, lower = -3, upper = 3,\
                init_year=1982, fin_year=2020):
    mon = np.arange(1982, 2020, 1/12)
    plt.plot(mon, time_series)
    plt.plot(mon, 0*time_series, 'k')
    plt.xlim(init_year, fin_year)
    plt.ylim(lower, upper)
```

9.3 | 回 帰 図

　回帰図の具体的な計算は，すでに第5章でやっている「2次元場のトレンド」の計算とほとんど同じです。第5章では月の数字が入った mon というインデックスだった部分を，ここでは Niño3.4 指数に変えましょう。

```
# Nino3.4指数を計算
nino34 = aave(190, 240, -5, 5)

# sstaのサイズをそれぞれ変数imt, jmt, tmtに保存
[imt, jmt, tmt] = ssta.shape

# 0で埋められた行列を使って，欲しいサイズの行列を作っておく（初期化）
a_ssta = np.zeros((imt, jmt)) # 回帰係数a

# np.polyfitがエラーを吐かないようにするために，
# 陸地の場所(nanが入っている)に一度ゼロを入れておきたい
#（nanmeanのようなnanpolyfitという関数はない）
# is_land_grids_3Dは，sstaの値がnanのところだけ
# Trueが入っているような3次元配列（360x180x456）
is_land_grids_3D = (np.isnan(ssta)==True)
ssta[is_land_grids_3D]=0

# 回帰図の計算
# 経度方向にimt（=360）回，緯度方向にjmt（=180）回forループを回す
for ii in range(0, imt):
    for jj in range(0, jmt):
        # 切片bのほうは，偏差なのでどうせゼロゆえ計算しなくてよい
        # 回帰係数aのみ出力するため，np.polyfitの最後に[0]をつける
        a_ssta[ii, jj] = np.polyfit(nino34, ssta[ii, jj, :], 1)[0]

    # ちゃんと計算が進んでるかチェックするために
    # 30回に1回iiを出力する
    if (ii % 30 == 0):
        print(ii)

# さっきゼロにしておいた陸地の場所にもう一度nanを戻す
# is_land_grids_2Dは，sstaの1982年1月の値がnanのところだけ
# Trueが入っているような2次元配列（360x180）
ssta[is_land_grids_3D]=np.nan
is_land_grids_2D = np.squeeze(is_land_grids_3D[:, :, 0])
a_ssta[is_land_grids_2D]=np.nan
```

```
0
30
60
90
120
150
180
210
240
270
300
330
```

```
draw_field(a_ssta, 'Regression map of SSTA on Nino 3.4', -1.6, 1.6, 0.2)
```

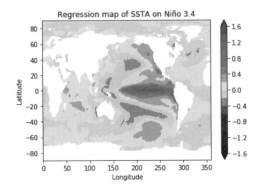

　9.1 節ですでに学んだ通り，この回帰図は，「**Niño3.4 が 1°C上がったとき，各地点
の海面水温が何°Cくらい上がる傾向があったかを表した図**」ということになります。
言い換えると，**Niño3.4 が 1°C下がったとき**には，赤青が反転した図に近い状態が実
現される傾向にあることにもなります。符号を反転させて，逆符号の現象の様子を知
ることができるというのは，コンポジット図にはなかった特徴です。

　回帰図にはコンポジット図と比べて，

- 全てのデータを用いるので，微小な変動成分でも **S/N 比**を上げやすく，検出しや
すくなる
- **1°C上がったときと 1°C下がったときの空間パターンがだいたい鏡写しのときに，
図が 1 枚で済む**

というメリットがあります。

　逆にコンポジットでは，**1°C上がったときと 1°C下がったときの空間パターンが全
く異なるとき**に，その非対称性を記述できるという点が優れています（たとえばエル
ニーニョとラニーニャの空間パターンは少し違う）。

　第 5 章で学んだトレンドの描画は，月を表す単調増加のインデックス（mon）に対
する回帰図を描いていたということになります。また，トレンドを差し引くデトレン
ドの操作と全く同じようにして，ENSO の変動に興味がない解析では ENSO の変動を
抜き去ることもあります。これを ENSO の回帰除去またはリグレスアウト（**regress
out**）といいます。

9.4 | 相 関 図

次に，回帰図を描く際に回帰係数を用いた部分について，相関係数で全く同じこと
をやると，相関図を書くことができます。

```
# 0で埋められた行列を使って，欲しいサイズの行列を作っておく（初期化）
r_ssta = np.zeros((imt, jmt)) # 相関係数r
ssta[is_land_grids_3D]=0

# 相関図の計算
# 経度方向にimt（=360）回，緯度方向にjmt（=180）回forループを回す
for ii in range(0, imt):
    for jj in range(0, jmt):
        r_ssta[ii, jj] = np.corrcoef(nino34, ssta[ii, jj, :])[1, 0]

        # ちゃんと計算が進んでいるかチェックするために，30回に1回iiを出力する
        if (ii % 30 == 0):
            print(ii)

# nanが入っているから変なエラーが出るけど無視でOK
```

```
//anaconda3/lib/python3.7/site-packages/numpy/lib/function_base.py:2530: ↩
RuntimeWarning: invalid value encountered in true_divide
  c /= stddev[:, None]
//anaconda3/lib/python3.7/site-packages/numpy/lib/function_base.py:2531: ↩
RuntimeWarning: invalid value encountered in true_divide
  c /= stddev[None, :]
```

```
0
30
60
90
120
150
180
210
240
270
300
330
```

```
draw_field(r_ssta, 'Correlation map of SSTA on Nino 3.4', -1, 1, 0.2)
```

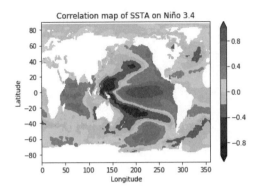

この相関図は，「**Niño3.4** と各地点の海面水温の間にどれだけ比例に近い関係が成り立つかを表した図」ということになります。ここでは，その地点の海面水温が Niño3.4 と正の相関をもっていれば赤，負の相関をもっていれば青に塗られています。

ここで鋭い方は，「もし全体的に相関が弱かったら，回帰図を描いてもあまり得られるものがないのではないか？」という疑問をもつかもしれません。それは，大変まっとうな問いです。実は，「回帰図を描いても意味がないくらい相関が弱い」を定義するには統計学が必要です。

とりあえず本章では，回帰図を描いて遊んでもらうことが目標となっています。実際問題としては，大気や海洋のデータの場合，回帰が大きくなるときには，相関も悪くないことが多いです。ただし実際に研究で回帰を書く場合は，相関図も合わせて確かめる必要があるでしょう。

相関係数の統計的取り扱いについての詳細は，本書の第 II 巻 14 章に記載していますので，そちらもぜひ買ってください…！

9.5 ┃ 章 末 問 題

A 問題．回帰図・相関図とは何か，自分の言葉で簡単に説明してください。答案は短くてよいです。

B 問題．エルニーニョ現象が起こると，南極付近の「ロス海」と呼ばれる海域の海氷が減ることが知られています（たとえば Kohyama and Hartmann (2016)[2)]）。ロス

[2)]　Kohyama, T. and Hartmann, D. L. (2016). Antarctic sea ice response to weather and climate modes of variability. *J. Climate*, **29**(2), 721–741.

海の海氷面積偏差データ（データリンク集からダウンロード）をインデックスとして，海面水温偏差への回帰図および相関図を描画してください。熱帯の海にシグナルは見えるでしょうか。

　ここで必要なデータ：`siaa_RossSea_NSIDC.npz`

　（ヒント：海氷面積偏差は 1990 年から 2019 年の 30 年のデータが入っています。回帰図を計算する際，まず海面水温偏差のデータから 1990 年から 2019 年を抜き出したのち，その期間について回帰図と相関図を作成してください。海氷面積の数字が大きいので，回帰図のカラーバーはとても小さい数字にしないといけないことに注意です。）

　C 問題. 海面更正気圧（**sea level pressure**）の偏差（データリンク集からダウンロード）の Niño3.4 に対する回帰図を計算して，海面水温偏差の Niño3.4 に対する回帰図と重ねて表示してください。このとき，海面更正気圧の回帰図のほうは contour，海面水温の回帰図のほうは contourf を使うようにすると，重ね描きがうまくいきます。熱帯の現象であるエルニーニョ現象が，大気を介して中緯度の気温を変動させるメカニズムが見えるでしょうか。

　ここで必要なデータ：`slpa_erai.npz`

　（ヒント：contour のほうは，全て黒の線にして，contourf のほうはカラーバーを coolwarm あたりにすると，重ねたときに色が見づらくならないのではないかと思います。contour の等高線間隔も，見やすいようにうまく調整してください。）

　D 問題. 1997 年 12 月および 2010 年 12 月の海面水温偏差の空間パターンについて，ENSO をリグレスアウトする前とした後の海面水温偏差データで比較してください。リグレスアウトによって，ENSO に関わる変動成分はどの程度除去されているでしょうか。完全に除去されていないとしたら，理由を考えてください。

10 地図の描画と気象のテレコネクション

本章では，Python で地図を描く方法と，それを用いた回帰図・相関図の応用について学びます。特に，cartopy というモジュールを用いて海岸線を描画することで，一点回帰図によって遠くの地域の気象が関係し合う「テレコネクション」と呼ばれる現象を解析します。地図を重ねて大気現象をわかりやすく解析できるようにするのが目標です。

10.1 地図の描画と気象のテレコネクションに関する背景知識

■ 10.1.1 地図描画モジュール cartopy

Python には，地図描画を行うために **cartopy**（カートパイ）というモジュールが用意されています。cartopy を用いると，海岸線や川，県境を描いたり，様々な図法で地図が描けるようになります。習得しておくと，気象データ解析に限らず色々と便利です（図 10.1）。

地図描画モジュール：cartopy

海岸線を描いたり，色々な図法で地図が書ける

正距円筒図法　　　　　　　ランベルト正角円錐図法

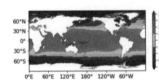

Pythonだとこういう図を書くのも楽勝！
（まぁまずは写経で良いので書けるようになってください）

図 10.1 cartopy を用いると，地図描画の幅が広がる

■ 10.1.2　気象のテレコネクション

　大気を介して，遠くの気象が影響を及ぼすことを**遠隔影響**あるいは**テレコネクショ
ン（teleconnection）**といいます。「テレ」は遠隔的，「コネクション」は繋がっている
という意味です。

　たとえば，図 10.2 左のパネルでは，エルニーニョ南方振動現象に起因するテレコネ
クションを示しています。熱帯の海面水温の変動が，中緯度を通って北極や南極の上
空まで，気圧の変動をもたらしています。

　図 10.2 右のパネルでは，**北半球環状モード（Northern Annular Mode; NAM）**ま
たは**北極振動（Arctic Oscillation; AO）**と呼ばれる現象による大気変動の様子を示し
ています。北極振動指数が正になると，北極の低気圧が強まり，北極の周りを偏西風が
まっすぐに強く吹きます（日本は暖冬傾向）。逆に，北極振動指数が負になると，北極
の低気圧が弱まり，北極の周りを偏西風が弱く蛇行して吹きます（日本は寒冬傾向）。

　このような振動の状態によって，北半球中高緯度の遠く離れた地域において，気象
がまるで繋がっているように変動するのです。これがテレコネクションです。

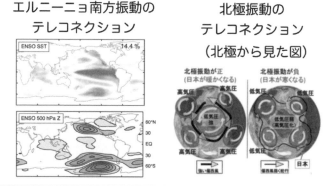

図 10.2　テレコネクション（左：Kohyama and Hartmann (2016)[1] より。右：立花さん（三重大
学）らのプレスリリース[2] より）

---

[1]　Kohyama, T. and Hartmann, D. L. (2016). Antarctic sea ice response to weather and climate modes
of variability. *J. Climate*, **29**(2), 721–741.
[2]　三重大学・北海道大学・新潟大学プレスリリース「日本の異常気象が遠く南極に関係がある：北極
振動と南極振動が一緒に変動していることを発見」https://www.bio.mie-u.ac.jp/~tachi/
kouen/releasepaper0214-1.pdf（2023–12–22 閲覧）

■ 10.1.3 テレコネクション・パターンと一点回帰図

大気の中に何度も繰り返し現れるような，典型的な気圧のパターンのことを，特にテレコネクション・パターンということがあります。たとえば図 10.3 に示すように，太平洋／北アメリカ（**Pacific-North American; PNA**）パターン，西太平洋（**Western Pacific; WP**）パターン，北大西洋振動（**North Atlantic Oscillation; NAO**），ユーラシア（**Eurasia; EU**）パターンなどが知られています。

テレコネクション・パターンを取り出す方法の一つとして，**一点回帰図**（**one-point regression**）というものがあります。一点回帰図とは，ある一地点の値をインデックスとして，領域全体の回帰図を作成することです。

たとえば，東京付近の一地点の気圧をインデックスとして一点回帰図を作成したものを図 10.4 に示します。「東京の気圧は地球上のどこと連動する傾向にあるのか」を知ることができます。北極やヨーロッパ付近にもそれなりに大きなシグナルがあって，驚くかもしれません。

またこの図では，cartopy を用いて海岸線を描画しています。海岸線があると気圧配

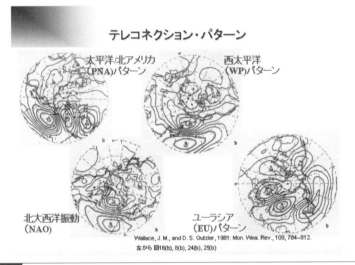

図 10.3 テレコネクション・パターン（渡部さん（現・東京大学大気海洋研究所）のスライド[*3]より。もとの図は Wallace and Gutzler (1981)[*4] より）

[*3] 渡部雅浩「中緯度大気変動の力学：中立モードを中心に」https://www.gfd-dennou.org/seminars/gfdsemi/2003-03-17/watanabe/lecture1/pub-web/（2023–12–22 閲覧）

[*4] Wallace, J. M. and Gutzler, D. S. (1981). Teleconnections in the geopotential height field during the Northern Hemisphere winter. *Mon. Weather Rev.*, **109**(4), 784–812.

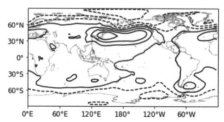

テレコネクション・パターンを
一点回帰図で取り出す

東京付近の一地点の気圧を
インデックスとして回帰図を作成

東京の気圧は地球上のどこと連動する傾向にあるのか？
海岸線があると気圧配置がわかりやすい！

図 10.4 東京の海面更正気圧に対する，地球全体の海面更正気圧の一点回帰図

置がわかりやすいですね！　この図を北極を中心とした地図に描き換えるとさらに見やすくなりますが，それは実際に cartopy を用いてデータを描画したときのお楽しみにしましょう。

10.2 地図を描画する準備

ここからは具体的なプログラミングに入ります。まず，本章で使う cartopy をインストールしてから，インポートします。

■ 10.2.1　cartopy のインストール

以下では，Jupyter Notebook を用いる場合のやり方を説明します。インストール手順は複雑ではありませんが，インストールがうまくいかない場合も結構あるみたいです。その場合は，本章だけ Google Colab を用いてもよいかもしれません（そちらも簡単なので心配しないで大丈夫です）。Google Colab を用いる場合は，巻末付録 A を参照してください。

第 1 章 1.1 節で環境構築したときに，無事に Anaconda が入っていれば，Jupyter Notebook のセルに次のように打ち込むだけでインストールが完了します。

```
!conda install -c scitools cartopy
```

ちなみに，Jupyter Notebook 上で「！」を書いた後に打ったコマンドは，「ターミナル

（MacOS の場合）」などのコマンドラインインターフェイスに書いたのと同じことになります。

もしインストール中に「[y]?n?」と聞かれたら，yes の意味で「!y」と打ち込んでください。また，Python のバージョンについてのエラーメッセージが出た場合は，

```
!conda install -c conda-forge cartopy
```

でうまくいく場合もあるようです。うまくいかないときは，何回か試して Jupyter Notebook を再起動するとうまくいくという報告もありました。

■ 10.2.2　モジュールのインポート

```
import numpy as np
import matplotlib.pyplot as plt
from matplotlib.colors import Normalize
# 以下の3つが新しい
import cartopy.crs as ccrs
from cartopy.mpl.ticker import LatitudeFormatter,LongitudeFormatter
import matplotlib.ticker as mticker
```

ここで，

　ModuleNotFoundError:　No module named 'cartopy'

というエラーが出てしまった場合は，ターミナルから jupyter notebook と書いて Jupyter Notebook を起動するのではなく，Anaconda Navigator から GUI で Jupyter Notebook を起動するとうまくいくという報告もありました。

■ 10.2.3　データセットの読み込み

データは，すでに第 2 章で描画した sst_OISST.npz を再び用います。

ここで必要なデータ：sst_OISST.npz

```
loadfile = 'sst_OISST.npz' # 入力ファイル名を定義
sst_dataset = np.load(loadfile) # データセットはまずデータセットごと入力
sst = sst_dataset['sst'] # 海面水温(sea surface temperature)を変数sstに保存
lon2 = sst_dataset['lon2'] # 経度(longitude)を変数lon2に保存
lat2 = sst_dataset['lat2'] # 緯度(latitude)を変数lat2に保存
y = sst_dataset['y'] # 年(year)を変数yに保存
m = sst_dataset['m'] # 月(month)を変数mに保存
```

10.3 | 地図を描画する

それでは，早速 cartopy を用いて地図を描画してみましょう。

■ 10.3.1 正距円筒図法

正距円筒図法（特に標準緯線を赤道に置いたものを **plate carrée** という）で 1997 年 12 月の海面水温分布を地図上に描画してみましょう。このとき，（いままで書かずにお茶を濁していた）海岸線も描きます。

cartopy の使い方については，山下陽介さん（国立環境研究所）の「気象データ解析のための matplotlib の使い方」[*5)] というページにまとまっていて，大変勉強になりました。cartopy 以外のこともとても詳しく書かれているので，ぜひ一読をオススメいたします。

```python
# 描画したい年・月・変数
draw_year = 1997
draw_month = 12
draw_var = np.squeeze(sst[:, :, (y==draw_year)*(m==draw_month)])

# 図の中心経度
c_lon = 180

# vminはカラーバーの下限，vmaxはカラーバーの上限
# vintはカラーバーの間隔
vmin = -5
vmax = 35
vint = 5
# 深い青から深い赤に向かうカラーバーを指定
cm = plt.get_cmap('seismic')

# 描画する枠を作る
fig = plt.figure()

# 枠の中に絵を入れる（図を1枚しか書かないときは1, 1, 1でOK）
ax = fig.add_subplot(1,1,1,projection=ccrs.PlateCarree(central_longitude=c_lon))

# 色で塗られた等高線を描く（前章までとちょっとだけ違う）
cs = ax.contourf(lon2, lat2, draw_var,\
                cmap=cm, norm=Normalize(vmin=vmin, vmax=vmax),\
                levels=np.arange(vmin,vmax+vint,vint), extend='both', \
                transform=ccrs.PlateCarree())
```

[*5)] 山下陽介「気象データ解析のための matplotlib の使い方」https://yyousuke.github.io/matplotlib/index.html（2023–12–22 閲覧）

```
                    # 最後の1行が大事！！！
                    # (lon2, lat2は正距円筒の書き方なので，変換が必要)

# 海岸線を書く（これが気象場を描画するときにめちゃくちゃ重要になる）
ax.coastlines(lw=0.5,color='gray',resolution='50m')

# 軸のラベルの間隔（写経でOK）
dlon,dlat=60,30
xticks=np.arange(60,360.1,dlon)
yticks=np.arange(-60,60.1,dlat)
ax.set_xticks(xticks,crs=ccrs.PlateCarree())
ax.set_yticks(yticks,crs=ccrs.PlateCarree())

# 軸のラベルのフォーマット（写経でOK）
latfmt=LatitudeFormatter()
lonfmt=LongitudeFormatter(zero_direction_label=True)
ax.xaxis.set_major_formatter(lonfmt)
ax.yaxis.set_major_formatter(latfmt)
ax.axes.tick_params(labelsize=12)

plt.colorbar(cs, shrink=0.6) # カラーバーをつける

# 描画範囲の指定
# 正距円筒図法であることを明示するために2つ目の引数が必要
# 経度の指定では，c_lon-180からc_lon+180の値以外を書くと
# 全領域が表示されてしまう
# 0, 360と書くと360が0と同じ数字だと思われて地図が棒になる
ax.set_extent([0, 359.9, -90, 90], crs=ccrs.PlateCarree())
```

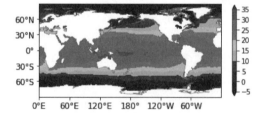

　だいぶプロフェッショナルな図に見えるようになったと思います！　特に，慣れて
くると transform=ccrs.PlateCarree() という 1 行を忘れる方がとても多いので，
気をつけてください。

■ 10.3.2　ランベルト正角円錐図法

　ほぼお遊びですが，こんな図も描けます。ランベルト正角円錐図法（**Lambert con-
formal conic projection**）と呼ばれる図法です（ちょっと描画に時間がかかります）。

```
fig = plt.figure()
ax = plt.axes(projection=ccrs.LambertConformal())

# 色で塗られた等高線を描く
cs = ax.contourf(lon2, lat2, \
                 np.squeeze(sst[:, :, (y==draw_year)*(m==draw_month)]), \
                 cmap=cm, norm=Normalize(vmin=vmin, vmax=vmax),\
                 levels=np.arange(vmin,vmax+vint,vint), extend='both', \
                 transform=ccrs.PlateCarree())
                 # 最後の1行が大事！！！
                 # (lon2, lat2は正距円筒の書き方なので，変換が必要)

# 海岸線を書く
ax.coastlines(lw=0.5,color='gray', resolution='50m')

# 緯度経度線を書く
ax.gridlines(xlocs=mticker.MultipleLocator(10), \
             ylocs=mticker.MultipleLocator(10), \
             linestyle='-', color='gray')

plt.colorbar(cs, shrink = 0.8) # カラーバーをつける
plt.show()
```

ほかにも，色々と遊んでみてください（章末 A 問題)[*6]。

10.4 気象のテレコネクション

　ここでは，東京付近の気圧変動はどのような場所の気象と関係があるかを調べてみ
ましょう。
　まず，海面更正気圧偏差（**sea level pressure anomalies; SLPA**）のデータ[*7]を，デー

[*6] 参考ウェブサイト：Met Post（Hatenablog）「Cartopy で地理データを可視化する 1」http://
metpost.hatenablog.com/entry/2015/11/05/180006（2023–12–22 閲覧）
[*7] Dee, D. P. *et al*. (2011). The ERA-Interim reanalysis: Configuration and performance of the data
assimilation system. *Q. J. R. Meteorol.*, **137**(656), 553–597.

タリンク集からダウンロードして読み込みます。海面更正気圧は，地面があるところも海抜 0 m と同じ基準で比べられるように補正した気圧のことです。

ここで必要なデータ：slpa_erai.npz

```
loadfile = 'slpa_erai.npz' # 入力ファイル名を定義
slpa_dataset = np.load(loadfile) # データセットはまずデータセットごと入力
slpa = slpa_dataset['slpa'] # 海面更正気圧偏差を変数slpaに保存
lon2 = slpa_dataset['lon2'] # 経度(longitude)を変数lon2に保存
lat2 = slpa_dataset['lat2'] # 緯度(latitude)を変数lat2に保存
y = slpa_dataset['y'] # 年(year)を変数yに保存
m = slpa_dataset['m'] # 月(month)を変数mに保存
```

次に，東京付近の一点の気圧偏差をインデックスとして，気圧の回帰図を計算してみましょう（10.1 節で説明した通り，これが**一点回帰図**と呼ばれる手法です）。

まず，lon2 と lat2 を用いて，東京付近の格子が配列の何番目なのかを特定します。

```
# なんだかんだlon2とlat2の中身を理解して数えるより
# 適当に数字を入れて探すのが早かったりする（ゴリ押し作戦）
print(lon2[46, 1])
print(lat2[1, 18])
```

```
138.0
36.0
```

経度方向は 46 番目，緯度方向は 18 番目に，東京付近（東経 138 度，北緯 36 度）の点があることがわかったので，その点の気圧偏差を slpa_Tokyo というインデックスとして，気圧偏差の回帰図を作成します。

```
# 東京付近の点の気圧偏差を抜き出してインデックスとする
slpa_Tokyo = slpa[46, 18, :] #東経138度，北緯36度

# slpaのサイズをそれぞれ変数imt, jmt, tmtに保存
[imt, jmt, tmt] = slpa.shape

# 0で埋められた行列を使って，欲しいサイズの行列を作っておく（初期化）
a_slpa = np.zeros((imt, jmt)) # 回帰係数a

# 回帰図と相関図の計算
# 経度方向にimt (=360) 回，緯度方向にjmt (=180) 回forループを回す
for ii in range(0, imt):
    for jj in range(0, jmt):
        a_slpa[ii, jj] = np.polyfit(slpa_Tokyo, slpa[ii, jj, :], 1)[0]

    # ちゃんと計算が進んでいるかチェックするために，30回に1回iiを出力する
    if (ii % 30 == 0):
        print(ii)
```

```
0
30
60
90
```

　一点回帰図を描画してみます。

```
draw_var = a_slpa

# 一番右が東経357度までしか入っていないので，白い線が入ってしまう。
# よって，360度の行を追加する必要がある。
# lon2には左端に360を足したものを入れ，
# lat2とdraw_varには0度の行と同じものを入れる
lon2 = np.vstack([lon2, (lon2[0, :]+360.0)[np.newaxis, :]])
lat2 = np.vstack([lat2, (lat2[0, :])[np.newaxis, :]])
draw_var = np.vstack([draw_var, (draw_var[0, :])[np.newaxis, :]])

fig = plt.figure()
ax = fig.add_subplot(1,1,1, \
                     projection=ccrs.PlateCarree(central_longitude=180))

# 黒い等高線を描く
cs = ax.contour(lon2, lat2, draw_var, \
                colors=['black'], transform=ccrs.PlateCarree())

# 海岸線を描く
ax.coastlines(lw=0.5,color='gray',resolution='50m')

# 軸のラベルの間隔 (写経でOK)
dlon,dlat=60,30
xticks=np.arange(60,360.1,dlon)
yticks=np.arange(-60,60.1,dlat)
ax.set_xticks(xticks,crs=ccrs.PlateCarree())
ax.set_yticks(yticks,crs=ccrs.PlateCarree())

# 軸のラベルのフォーマット (写経でOK)
latfmt=LatitudeFormatter()
lonfmt=LongitudeFormatter(zero_direction_label=True)
ax.xaxis.set_major_formatter(lonfmt)
ax.yaxis.set_major_formatter(latfmt)
ax.axes.tick_params(labelsize=12)

# 描画範囲の指定
# 正距円筒図法であることを明示するために2つ目の引数が必要
# 経度の指定では，c_lon-180からc_lon+180の値以外を書くと
# 全領域が表示されてしまう
# 0，360と書くと360が0と同じ数字だと思われて地図が棒になる
ax.set_extent([0, 359.9, -90, 90], crs=ccrs.PlateCarree())
```

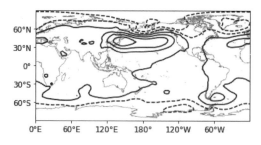

　実線で描かれているのが正の回帰係数，破線で描かれているのが負の回帰係数です。北極やカナダ，ヨーロッパのほうにまで負の回帰係数が見えますね。

　次に，より現象がわかりやすくなるように，北極から見た図を描いてみましょう。

```
fig = plt.figure()
ax = fig.add_subplot(1,1,1, projection=ccrs.NorthPolarStereo())

# 黒い等高線を描く
cs = ax.contour(lon2, lat2, draw_var, \
                colors=['black'],transform=ccrs.PlateCarree())

# 海岸線を描く
ax.coastlines(lw=0.5,color='gray',resolution='50m')

ax.set_extent([-180, 180, 20, 90], ccrs.PlateCarree())
```

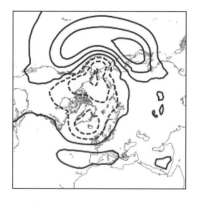

　東京付近の月平均気圧は，北極を中心とした気圧変動と強い逆位相の関係をもつことがわかります。これが，北半球環状モード（**NAM**）または北極振動（**AO**）と呼ばれる現象です。この図を見ると，大気のゆらぎを介して日本の天気は遠く北米やヨーロッパと繋がっていることがわかります。テレコネクションの典型例です。

　テレコネクションを調べる際には，回帰図・相関図，あるいはコンポジット図が非常によく用いられるということを，覚えておくとよいでしょう。

10.5 | 章 末 問 題

A 問題. cartopy の機能を色々と検索して，本文中の例以外の好きな投影法で，1 つ海面水温の図を描いてみてください。

B 問題. 東京付近以外の点を 1 つ選び，気圧偏差の一点回帰を行うことで，面白いテレコネクションを見つけてください。

C 問題. 第 2 章の章末 C 問題では，日本地図を描かずに日本付近の天気を描画しました。cartopy で日本地図を重ねて，第 2 章の C 問題をやり直してみてください（天気予報で見るような図に少し近づいたでしょうか…！）。

D 問題. 渡部 (2002)[8] を読んで，
D-1. Wallace and Gutzler (1981) は，テレコネクション・パターンを検出するためにどのようなデータ解析手法を用いたか
D-2. 日本の天候はテレコネクションにどのような影響を受けるか
の 2 点について，**自分の言葉で**簡単に説明してください。

　（ヒント：Wallace and Gutzler (1981) は，一点回帰図に非常によく似た手法を用いました。）

---

[8]　渡部雅浩 (2002). テレコネクション：日本の天候を左右するもの. 細氷, **48**, 80–87. http://www.metsoc-hokkaido.jp/saihyo/pdf/saihyo48/saihyo48-080.pdf（2023–12–22 閲覧）

11 主成分分析（PCA）1

本書の集大成として，本章と次章では，行列を用いたデータ解析の基礎である主成分分析を学びます。主成分分析では，データの重要な部分（卓越する変動成分）を客観的に抜き出して，もとのデータよりも少ないデータ量で表現できるようになるのが目標です。

本章と次章では，線型代数学の知識をガンガン使うので，最初は難しく感じるかもしれません。学部発展（大学院基礎）レベルの内容なので，「へぇーこんなことで行列使うのかー！」と思いながら，気軽に学んでいただければと思います。

11.1 | 主成分分析に関する背景知識

本章で学ぶ主成分分析（**principal component analysis; PCA**）には，大きく分けて「次元圧縮」と「特徴抽出」という2つの目的があります。まずはそれを説明しましょう。

■ 11.1.1 主成分分析の目的1「次元圧縮」

たとえば，札幌・仙台・東京・大阪・福岡・那覇の気温偏差のデータをもっているとします。これらのデータから，「日本で最も目立つ変動」を1つ抜き出したいとすると，どのようにすればよいでしょう？

日本全体の天気は，「全国的に晴れ模様」「全国的に雨模様」などということもあるわけですから，似ている時系列が6つある場合は，これらをブレンドして「日本代表」の時系列（データの「主成分」）を1つ作れば十分なケースが結構あります。このような操作を，**次元圧縮**（**dimension reduction**）と呼びます。次元圧縮は，主成分分析の目的の一つです（図11.1）。

■ 11.1.2 主成分分析の目的2「特徴抽出」

次に別の例として，海面水温データの中から「最も目立つ変動」を取り出したい，などという場合もあると思います。Niño3.4等のインデックスは，平均をとる領域（Niño3.4

主成分分析

データの「主成分」を見つける

例1:

札幌・仙台・東京・大阪・福岡・那覇の気温偏差から，「日本で最も目立つ変動」を一つ抜き出したい

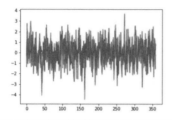

似ている時系列が6つもある

→これらをブレンドして
「日本代表」を1つ作れば
十分なケースが結構ある
（次元圧縮）

図 11.1 主成分分析の目的の一つ「次元圧縮」

主成分分析

データの「主成分」を見つける

例2:

海面水温データの中から「最も目立つ変動」を取り出したい

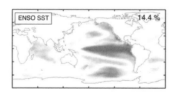

Niño3.4等のインデックスは
主観的に定義されている

→客観的にインデックス
を定義したい（**特徴抽出**）

図 11.2 主成分分析の目的の一つ「特徴抽出」（図は，Kohyama and Hartmann (2016)[*1] より）

海域）をあらかじめ主観的に決めることで定義されていました。

しかし，平均をとる領域を主観的に決めるのではなく，より客観的にインデックスを定義したいときに，主成分分析を使うことができます。言い換えると，主成分分析は**特徴抽出（feature extraction）**にも使うことができて，これが主成分分析の目的の2つ目です（図 11.2）。

[*1] Kohyama, T. and Hartmann, D. L. (2016). Antarctic sea ice response to weather and climate modes of variability. *J. Climate*, **29**(2), 721–741.

主成分分析
データの「主成分」を見つける

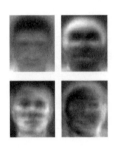

例3: 人間の顔はどこが一番「人によって違う」部分なのかを知りたい

少ないデータで（**次元圧縮**）
人を見分ける（**特徴抽出**）
顔認証システムに応用されている

図 11.3 「次元圧縮」と「特徴抽出」を組み合わせた顔認証システム（画像は，Wikipedia「固有顔」[2] より）

■ 11.1.3　「次元圧縮」と「特徴抽出」を組み合わせた応用例：顔認証システム

　さらに，これらの 2 つの目的が達成されることによって成り立つ応用例の一つが，（基礎的な）顔認証システムです。顔認証システムでは，人間の顔はどこが一番「人によって違う」部分なのかを客観的に判断し，その点を判別対象とします。「少ないデータで（次元圧縮）人を見分ける（特徴抽出）」ことができるというのが，まさに主成分分析が顔認証システムに応用されうる理由でしょう（図 11.3）。

　もっとも，最近は顔認証システムには「深層学習」という，より発展的な方法が使われていることが多いようです。それでも主成分分析は，深層学習をはじめとする機械学習の考え方の基礎となる解析手法でもあるので，いずれにせよ学んでおいて損はないでしょう。

11.2 ｜ 主成分分析の準備

■ 11.2.1　モジュールのインポート

　ここからは具体的なプログラミングに入ります。まず，本章で使うモジュールをインポートします。

```
import numpy as np
import matplotlib.pyplot as plt
from scipy import signal
```

---

[2]　Wikipedia「固有顔」 https://ja.wikipedia.org/wiki/固有顔 （2023–12–22 閲覧）

第8章で用いた，東京の気温データと宇都宮の気温データをそれぞれ読み込みます。

ここで必要なデータ：`Tokyo_temp.csv` と `Utsunomiya_temp.csv`

```
tokyo_temp = np.genfromtxt("Tokyo_temp.csv",  # ファイルのパスを書く
              delimiter=",",    # 区切り文字
              usecols=(0, 1, 2) # 読み込みたい列番号
              )
utsu_temp = np.genfromtxt("Utsunomiya_temp.csv",  # ファイルのパスを書く
              delimiter=",",    # 区切り文字
              usecols=(0, 1, 2) # 読み込みたい列番号
              )
y = tokyo_temp[:, 0]
m = tokyo_temp[:, 1]
tokyo = tokyo_temp[:, 2]
utsu = utsu_temp[:, 2]

# 今回は1990年から2019年の30年分のデータを用いる
tokyo = tokyo[(1990 <= y)*(y <= 2019)]
utsu = utsu[(1990 <= y)*(y <= 2019)]
m = m[(1990 <= y)*(y <= 2019)]
y = y[(1990 <= y)*(y <= 2019)]

# 気候値の計算
tokyoc= np.zeros((12))
utsuc= np.zeros((12))
for mm in range(1, 13):
    tokyoc[mm-1] = np.nanmean(tokyo[m==mm], 0)
    utsuc[mm-1] = np.nanmean(utsu[m==mm], 0)

# 偏差の計算
tokyoa = np.zeros((tokyo.shape))
utsua = np.zeros((utsu.shape))
for yy in range(1990, 2020):
    for mm in range(1, 13):
        tokyoa[(y==yy)*(m==mm)] = tokyo[(y==yy)*(m==mm)] - tokyoc[mm-1]
        utsua[(y==yy)*(m==mm)] = utsu[(y==yy)*(m==mm)] - utsuc[mm-1]

# 今回は温暖化には興味がないのでデトレンド
tokyoa = signal.detrend(tokyoa)
utsua = signal.detrend(utsua)
```

11.3 ｜ 高校の復習：分散と標準偏差

　まず，分散（**variance**）という量を勉強しましょう。分散とは，簡単にいうと**変動の大きさを表す指標**です。

いま，Nヶ月分の月別気温偏差の時系列データを

$$\vec{x} = (x_1, x_2, \ldots, x_N)$$

のように行ベクトルで書くとき，$\vec{x}$の分散 $\mathrm{var}(\vec{x})$ の定義は成分の2乗の平均，つまり

$$\mathrm{var}(\vec{x}) := \frac{x_1^2 + x_2^2 + \cdots + x_N^2}{N} = \frac{|\vec{x}|^2}{N}$$

です。たとえば東京と宇都宮の気温偏差の分散はそれぞれ

```
print(np.var(tokyoa))
print(np.var(utsua))
```

```
1.0319958222914387
1.0844095840574333
```

で求められます。単位は℃²です。内陸にある宇都宮のほうが分散がわずかに大きく，年々の寒暖差が大きいことがわかります。

ちなみに，単位が℃²ではわかりづらいので，無理矢理ルートをとって単位を合わせたものが**標準偏差**（**standard deviation**）です。

$$\mathrm{std}(\vec{x}) := \sqrt{\mathrm{var}(\vec{x})} = \frac{|\vec{x}|}{\sqrt{N}}$$

```
print(np.std(tokyoa))
print(np.std(utsua))
```

```
1.015871951720018
1.0413498855127576
```

この結果から，宇都宮のほうが平均的に 0.03℃ くらい気温偏差の振幅が大きいことがわかります。

11.4 「関東代表」の時系列を考えてみる

■ 11.4.1 分散が最大となる方向に座標を回転

準備が終わったので，いよいよ本題です。我々の目的は6地点の気温偏差をブレンドして「日本代表」の時系列を1つ作りたいということでした。

しかし，いきなり6地点から始まるのはしんどいので，まずは第8章でやったように2変数のときから考えてみましょう。2変数から「関東代表」の時系列を決めるのは簡単そうです（正直どうやってもできそうです）。ただ，それを6変数に拡張することを見越して，ここではちょっと複雑なことをやります。

```
def draw_scatter(x, y, xname, yname):
    plt.scatter(x, y)
    plt.xlim(-5, 5)
    plt.ylim(-5, 5)
    plt.xlabel(xname)
    plt.ylabel(yname)
    plt.gca().set_aspect('equal', adjustable='box')
    # 縦横比を1:1にした

draw_scatter(tokyoa, utsua, 'Tokyo (℃)', 'Utsunomiya (℃)')
plt.axhline(y=0, xmin=-10, xmax=10, color='k')
plt.axvline(x=0, ymin=-10, ymax=10, color='k')
plt.show()
```

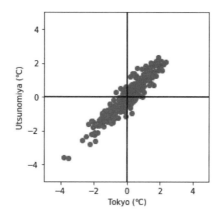

東京と宇都宮の気温偏差の散布図には，見覚えがありますね（第8章）。

いま，この散布図を **2** 次元の「データ空間」に点が散らばっているという風に見てみましょう。そうすると，データの散らばりが大きいのはどう見ても斜め約 45 度に傾いた方向の変動で，これこそが今回見つけたい**変動の主成分**です（図 11.4）。

これを少し数学的に言い換えると，

- 与えられたデータ空間の xy 座標を回転することによって新しい $x'y'$ 座標を作り，データの x' 成分の分散が最大になるようにしたい
- 今回のデータでは，x 軸を斜め約 **45** 度方向に回転させて作った x' 軸の x' 成分の分散が最大になりそう

ということになります。主成分分析は，このように座標軸を回転させる（線型代数学の言葉でいうと「基底を取り直す」）ことで，分散が最大になる方向を探して新しく軸を取り直す分析手法のことです（図 11.5）。

もとの座標では，

データの「主成分」とは何か？

まずはデータが2つの場合（2次元の場合）を考えてみよう

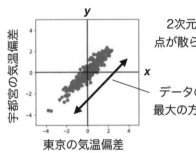

2次元の「データ空間」に
点が散らばっていると解釈する

データの散らばり（分散）が
最大の方向（＝変動の主成分）
を見つけたい

図11.4 データの「主成分」とは，「データ空間」内で点が最も大きく散らばっている方向のこと

分散が最大となる方向に座標を回転
軸を取り直すと，もっともそのデータを説明できる
情報を最大限に残せる

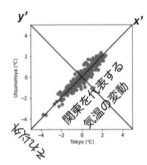

座標軸を回転させることで，
分散が最大になる方向を探して
新しく軸を取り直す
＝主成分分析

x'のデータだけを見れば
データ空間内の最も本質的な
情報が「圧縮」されている

図11.5 分散が最大となる方向に座標を回転し，データの本質的な変動成分を取り出す

- x 軸：東京の気温偏差の変動
- y 軸：宇都宮の気温偏差の変動

のセットでした。それに対して，座標回転後の $x'y'$ 座標では，

- x' 軸：関東で最も目立つ気温偏差の変動（第1主成分）
- y' 軸：x' 軸と相関のない（直交した）残りの変動（第2主成分）

のセットになっています。このような x' 軸を客観的に見つける解析手法が，主成分分析です。

11.5 | 分散最大方向の見つけ方

それでは，x' 軸はどうやって探せばよいのでしょうか？　本節ではその方法を見ていきます。

■ 11.5.1　共分散行列を定義

分散最大方向を客観的に見つけるには，「共分散行列」という行列の固有ベクトルを求めます。「大学 1 年生で学んだ線型代数が，まさかこんなところでも役に立つとは！！」と驚かれる方も多いのではないでしょうか[*3]。

いま，N ヶ月分の東京の気温偏差時系列を $\vec{x_1}$，宇都宮の気温偏差時系列を $\vec{x_2}$ とします。そして，それらの行ベクトルを縦に並べた 2 行 N 列の行列をデータ行列 X と呼ぶことにします。

$$X := \begin{pmatrix} \vec{x_1} \\ \vec{x_2} \end{pmatrix} = \begin{pmatrix} x_{1,1} & x_{1,2} & \cdots & x_{1,N} \\ x_{2,1} & x_{2,2} & \cdots & x_{2,N} \end{pmatrix}$$

```
N = tokyoa.shape[0]
X = np.array([tokyoa, utsua])
```

次に，共分散行列（**covariance matrix**）という行列を計算します。

そもそも**共分散**（**covariance**）とは，時系列 $\vec{x_1}$ と $\vec{x_2}$ がどれだけ一緒に大きく変動しているかを表す指標です。共分散 $\mathrm{cov}(\vec{x_1}, \vec{x_2})$ の定義は各成分同士の積の平均，つまり

$$\mathrm{cov}(\vec{x_1}, \vec{x_2}) := \frac{x_{1,1}x_{2,1} + x_{1,2}x_{2,2} + \cdots + x_{1,N}x_{2,N}}{N} = \frac{\vec{x_1} \cdot \vec{x_2}}{N}$$

です。次に，共分散行列 C の定義は，

$$C := \begin{pmatrix} \mathrm{cov}(\vec{x_1}, \vec{x_1}) & \mathrm{cov}(\vec{x_1}, \vec{x_2}) \\ \mathrm{cov}(\vec{x_2}, \vec{x_1}) & \mathrm{cov}(\vec{x_2}, \vec{x_2}) \end{pmatrix} = \frac{XX^\mathsf{T}}{N}$$

です。東京と宇都宮の気温偏差の共分散行列は

```
C = X@X.T/N #行列の積は@で書ける
C
```

[*3]　2 変数のときは「それって回帰直線の方向じゃないの？」と言いたくなります。実際ほぼその通りなのですが，ここでは多変数に応用することを見越した方法を勉強しています。

```
array([[1.03199582, 0.99284395],
       [0.99284395, 1.08440958]])
```

となります。

　注意してほしいのは，対角成分には東京と宇都宮の気温偏差の分散の値がそのまま入っているということです。これは，**同じ時系列同士の共分散は分散に等しい**からです。

$$\mathrm{cov}(\vec{x}, \vec{x}) = \mathrm{var}(\vec{x})$$

　また，非対角成分には 2 つ同じ値が入っています。これは，

$$\mathrm{cov}(\vec{x1}, \vec{x2}) = \mathrm{cov}(\vec{x2}, \vec{x1})$$

だからです。**共分散行列は実対称行列になる**というのはものすごく重要な性質です。

■ 11.5.2　共分散行列の対角化

　分散最大方向を見つけるには，共分散行列の**固有ベクトル（eigenvector）**を計算します（詳しくは，初等的な線型代数学の教科書を参照）。

　一般に，行列 C の固有ベクトルとは，あるスカラー λ に対して，

$$C\vec{e} = \lambda\vec{e}$$

を満たすような零ベクトルでないベクトル $\vec{e}$ のことです。このとき，スカラー λ は**固有値（eigenvalue）**と呼ばれます。n 次正方行列が逆行列をもつとき（rank が n のとき），0 でない固有値は n 個，対応する固有ベクトルは n 組存在します。固有ベクトルのスカラー倍は全て固有ベクトルなので，**データ解析の文脈では $\vec{e}$ は単位ベクトル**とします。

　いま，固有値を並べた行列を Λ，固有ベクトルを並べた行列を E とすると，次のように変形することができます。これを**対角化（diagonalization）**といいます。

$$C\vec{e_1} = \lambda_1\vec{e_1}, \ C\vec{e_2} = \lambda_2\vec{e_2} \iff CE = E\Lambda \iff E^{-1}CE = \Lambda$$

このとき，共分散行列 C は実対称行列なので，E は直交行列となり（証明は章末 C 問題），

$$\vec{e_1} \cdot \vec{e_2} = 0$$

となります（固有ベクトル同士は直交します）。また，実対称行列の固有値は実数になります（証明は章末C問題）。

特に，2次正方行列の場合は，

$$E = \left(\begin{array}{cc} \vec{e_1} & \vec{e_2} \end{array} \right)$$

$$\Lambda = \left(\begin{array}{cc} \lambda_1 & 0 \\ 0 & \lambda_2 \end{array} \right)$$

です。ただし，後の便宜のために，$\lambda_1 \geq \lambda_2 > 0$ となるように並べておきましょう。

```
# 固有値，固有ベクトルもnumpyなら楽勝！
[Lam, E] = np.linalg.eig(C)
# 固有値の大きい順にソート
index = Lam.argsort()[::-1]
Lam = Lam[index]
E = E[:,index]
# 対角成分に固有値を並べる
L = np.diag(Lam)

print(E)
print(L)
```

```
[[-0.69771535 -0.7163751 ]
 [-0.7163751   0.69771535]]
[[2.05139247 0.         ]
 [0.         0.06501294]]
```

このとき，求めたい分散最大方向は，最大固有値に対応する固有ベクトル $\vec{e_1}$ の方向となっています（証明：章末D問題）。

方向が知りたいだけで，固有ベクトルの符号は任意なので，（図示や解釈をするときの都合などで）マイナスをつけたい場合は自由につけて構いません。ただし，後で使うので行列 E の中身も合わせて書き換えることを忘れないようにしてください。

```
e1 = -E[:, 0] # マイナスをつけてもよい
e2 = E[:, 1] # マイナスをつけなくてもよい

E[:, 0] = e1 # 符号を変えたらEの中身も合わせる
E[:, 1] = e2 # 符号を変えたらEの中身も合わせる
```

では，$\vec{e_1}$ を赤い矢印，$\vec{e_2}$ を黄色い矢印で図示してみましょう。

```
def draw_arrow(vec, color):
    point = {
            'start': [0, 0],
            'end': vec
        }
    plt.annotate('', xy=point['end'], xytext=point['start'],
                arrowprops=dict(shrink=0, width=3, headwidth=8,
                                headlength=10, connectionstyle='arc3',
                                facecolor=color, edgecolor='black'))

draw_scatter(tokyoa, utsua, 'Tokyo (°C)', 'Utsunomiya (°C)')
draw_arrow(e1, 'red')
draw_arrow(e2, 'yellow')
```

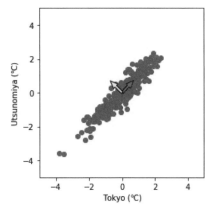

　無事に分散最大方向（$\vec{e_1}$）とその直交方向（$\vec{e_2}$）を見つけることができました！　この固有ベクトルの向きに（この固有ベクトルを基底として），新しい$x'y'$平面を張り，x'成分の時系列を求めれば，欲しかった「関東代表」の時系列となります。

　x'成分の時系列を求めるための具体的な手続きは，次章のお楽しみにしましょう。ただ，この方法ならば，2次元データよりも大きなデータにも適用できそうだという実感をもっていただけたなら幸いです（図11.6）。

この方法ならn次元に拡張してもいけそう

6次元のデータ空間は描けないけど
固有ベクトルなら同じ手続きで求められる

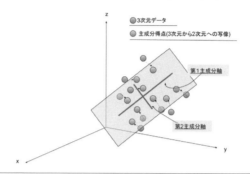

図 11.6 主成分分析は，多次元への拡張が容易（画像は Qiita[*4] より）

11.6 | 章 末 問 題

A 問題. 主成分分析の目的と手法を，自分の言葉で簡単に説明してください（答案は短くてよいです）。

B 問題. 6 次元のデータ行列について本文と同様のことを行い，第 1 主成分の固有ベクトル（最大の絶対値をもつ固有値に対応する固有ベクトル）を求めてください。ただし使用データは札幌，仙台，東京，大阪，福岡，那覇の気温偏差（データリンク集からダウンロード）とし，

`N = tokyoa.shape[0]`

`X = np.array([sapporoa, sendaia, tokyoa, osakaa, fukuokaa, nahaa])`
によって 6 × N のデータ行列 X を定義してください。

ここで必要なデータ： `jp_tempa.npz`

（ヒント：N と X を定義した後は，ほとんど資料のままのことをやるだけです。意味を噛み締めながら進んでください。ただし，6 次元空間は描けないので，散布図や

[*4] Qiita「意味がわかる主成分分析」（記事作成者：@NoriakiOshita, 大下範晃）`https://qiita.com/NoriakiOshita/items/460247bb57c22973a5f0`（2023–12–22 閲覧）

章末問題　　141

ベクトルは図示しなくてよいです。)

C 問題. 実対称行列の固有値が実数になること，および固有ベクトルを並べた行列が直交行列になることを証明してください。

（ヒント：標準的な線型代数学の教科書に載っています。）

D 問題. 共分散行列（2 行 2 列でもよい）について，固有ベクトルの方向が分散最大の方向と一致していることの証明を調べて読み，証明の流れを簡単に記述してください。

（ヒント：インターネットで検索すれば，色々なウェブサイトで紹介されています。）

12 主成分分析（PCA）2

　第 I 巻もいよいよフィナーレです！　前章に引き続き，行列を用いたデータ解析の基礎である主成分分析を学びます。本章では，探した基底の使い方と，主成分分析の大事な性質について学びます。データの散らばりを記述するために，空間内の座標変換を行い，基底を自由に取り直せるようになるのが目標です。

12.1 | 主成分分析の準備

■ 12.1.1　モジュールのインポート
　今回はいきなり，プログラミングに入ります。まず，本章で使うモジュールをインポートします。

```
import numpy as np
import matplotlib.pyplot as plt
from scipy import signal
```

■ 12.1.2　データの読み込み
　前回同様，第 8 章で用いた東京の気温データと宇都宮の気温データをそれぞれ読み込みます。

　ここで必要なデータ：Tokyo_temp.csv と Utsunomiya_temp.csv

```
tokyo_temp = np.genfromtxt("Tokyo_temp.csv",  # ファイルのパスを書く
                delimiter=",",     # 区切り文字
                usecols=(0, 1, 2) # 読み込みたい列番号
                )
utsu_temp = np.genfromtxt("Utsunomiya_temp.csv",  # ファイルのパスを書く
                delimiter=",",     # 区切り文字
                usecols=(0, 1, 2) # 読み込みたい列番号
                )
y = tokyo_temp[:, 0]
m = tokyo_temp[:, 1]
tokyo = tokyo_temp[:, 2]
utsu = utsu_temp[:, 2]
```

```
# 今回は1990年から2019年の30年分のデータを用いる
tokyo = tokyo[(1990 <= y)*(y <= 2019)]
utsu = utsu[(1990 <= y)*(y <= 2019)]
m = m[(1990 <= y)*(y <= 2019)]
y = y[(1990 <= y)*(y <= 2019)]

# 気候値の計算
tokyoc= np.zeros((12))
utsuc= np.zeros((12))
for mm in range(1, 13):
    tokyoc[mm-1] = np.nanmean(tokyo[m==mm], 0)
    utsuc[mm-1] = np.nanmean(utsu[m==mm], 0)

# 偏差の計算
tokyoa = np.zeros((tokyo.shape))
utsua = np.zeros((utsu.shape))
for yy in range(1990, 2020):
    for mm in range(1, 13):
        tokyoa[(y==yy)*(m==mm)] = tokyo[(y==yy)*(m==mm)] - tokyoc[mm-1]
        utsua[(y==yy)*(m==mm)] = utsu[(y==yy)*(m==mm)] - utsuc[mm-1]

# 今回は温暖化には興味がないのでデトレンド
tokyoa = signal.detrend(tokyoa)
utsua = signal.detrend(utsua)
```

■ 12.1.3　関数の定義

本章で用いる関数も用意しておきましょう。

```
# 散布図を描く関数
def draw_scatter(x, y, xname, yname):
    plt.scatter(x, y)
    plt.xlim(-2, 2)
    plt.ylim(-2, 2)
    plt.xlabel(xname)
    plt.ylabel(yname)
    plt.gca().set_aspect('equal', adjustable='box') # 縦横比を1:1にする

# ベクトルを描く関数
def draw_arrow(vec, color):
    point = {
            'start': [0, 0],
            'end': vec
        }
    plt.annotate('', xy=point['end'], xytext=point['start'],
                arrowprops=dict(shrink=0, width=3, headwidth=8,
                            headlength=10, connectionstyle='arc3',
                            facecolor=color, edgecolor='black'))

# 月別の時系列を描画する関数
```

```
def plot_mon_time(time_series, lower = -6, upper = 6, \
                  init_year=1990, fin_year=2020):
    mon = np.arange(1990, 2020, 1/12)
    plt.figure;
    plt.plot(mon, time_series)
    plt.plot(mon, 0*time_series, 'k')
    plt.xlim(init_year, fin_year)
    plt.ylim(lower, upper)
    plt.show()
```

12.2 | 分散最大方向を求める（前章の復習）

まず，前章でやったことを一気にやり直すことで復習しましょう。

```
# データ行列の定義
N = tokyoa.shape[0] #データ行列の大きさ
X = np.array([tokyoa, utsua]) #データ行列

# 共分散行列の計算
C = X@X.T/N

# 共分散行列の固有値固有ベクトルを求める
[Lam, E] = np.linalg.eig(C)
# 固有値の大きい順にソート
index = Lam.argsort()[::-1]
Lam = Lam[index]
E = E[:,index]
# 対角成分に固有値を並べる
L = np.diag(Lam)

# 固有ベクトルを抜き出すと，それが分散最大方向とその直交方向の基底となる
# （固有ベクトルの符号は自由につけてよいがEのほうも直す）
e1 = -E[:, 0] #第1主成分の基底
e2 = E[:, 1] #第2主成分の基底
E[:, 0] = e1
E[:, 1] = e2
```

これによって，分散最大方向の単位ベクトル $\vec{e_1}$（赤）とその直交方向の単位ベクトル $\vec{e_2}$（黄色）を見つけたのが前回までの内容でした。

```
draw_scatter(tokyoa, utsua, 'Tokyo (℃)', 'Utsunomiya (℃)')
# 前章の図よりもちょっと拡大して表示している
draw_arrow(e1, 'red')
draw_arrow(e2, 'yellow')
```

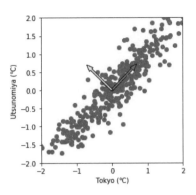

12.3 | x' 座標（e1 への射影「PC1」）を計算する

　ここからが本章の内容です。前章同様，基底 $\vec{e_1}$ の向きを前回同様 x' 軸と呼ぶこと
にします。たとえば，1990 年 2 月の点を表すベクトル $\vec{a}$（以下ではピンクの矢印で描
画することにします）について，x' 座標を求めるにはどうすればよいでしょうか。

```
draw_scatter(tokyoa, utsua, 'Tokyo (℃)', 'Utsunomiya (℃)')
x = np.array([-10, 10])
plt.plot(x, x, 'k')
draw_arrow(e1, 'red') # 基底e1を赤で描画

a = X[:, 1] # 1990年2月の点
draw_arrow(a, 'pink') # ベクトルaをピンクで描画

plt.plot(x, -(x-a[0])+a[1], 'k--')
# x'座標がわかりやすいように点線を描画しているだけ
plt.show()
```

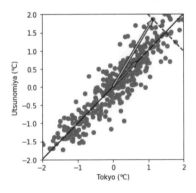

x' 座標を求めるには，基底とデータ点を表すベクトルとの内積をとります（ここで，$\vec{e_1}$ を単位ベクトルにしておいたことが効いてきます）。このことを，$\vec{e_1}$ に**射影する**（**project**）といいます。$\vec{e_1}$（赤のベクトル）と $\vec{a}$（ピンクのベクトル）のなす角を θ とすると，x' 座標は

$$x' = |\vec{a}| \cos \theta = \vec{e_1} \cdot \vec{a} = \vec{e_1}^T \vec{a} = \begin{pmatrix} e_{1,x} & e_{1,y} \end{pmatrix} \begin{pmatrix} a_1 \\ a_2 \end{pmatrix}$$

と求まります。

```
x_prime = np.dot(e1, a) # e1とaの内積を計算する
x_prime
```

2.1209285142499463

1990 年 2 月の x' 座標が求まりました！ では，同様にほかの時刻についても計算したいときは，各月についての for 文を回さなければいけないのでしょうか？

実はそんなことはありません。一発で計算する方法があります。行列の積です！

$$\vec{x'} = \vec{e_1}^T X = \begin{pmatrix} e_{1,x} & e_{1,y} \end{pmatrix} \begin{pmatrix} \vec{x_1} \\ \vec{x_2} \end{pmatrix}$$

$$= \begin{pmatrix} e_{1,x} & e_{1,y} \end{pmatrix} \begin{pmatrix} x_{1,1} & x_{1,2} & \cdots & x_{1,N} \\ x_{2,1} & x_{2,2} & \cdots & x_{2,N} \end{pmatrix} = \begin{pmatrix} x'_1 & x'_2 & \cdots & x'_N \end{pmatrix}$$

こうすることで，全ての月において x' 座標を求めた時系列が求まります。この時系列のことを，**第 1 主成分**（**first principal component**）の時系列，または単に **PC1**（**PC1 時系列; PC1 time series**）といいます。

```
pc1 = e1.T@X
# PC1を描画する
plot_mon_time(pc1)
```

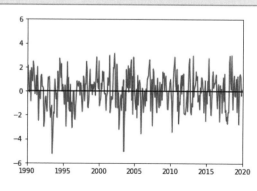

これが，求めたかった「関東代表」の時系列です。$\vec{e_1}$ の中身は

```
print(e1)
```

[0.69771535 0.7163751]

ですから，**PC1**（すなわち x' 座標）が正のときは東京も宇都宮も同程度に暖かく，逆に **PC1** が負のときは東京も宇都宮も同程度に寒かったことになります。

12.4 y' 座標（e2 への射影「PC2」）を計算する

同様に，$\vec{e_2}$ にデータ行列 X を射影することで，x' 座標と直交する y' 座標も求めてみます。これが，**第 2 主成分**（**second principal component**）の時系列または **PC2**（**PC2 時系列; PC2 time series**）です。

```
pc2 = e2.T@X
# PC2を描画する
plot_mon_time(pc2)
```

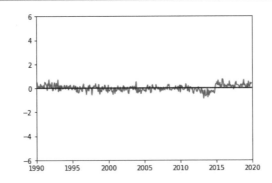

あえて縦軸は PC1 のときと同じにしてありますが，明らかに PC1 よりも分散が小さいです。これは，データから **PC1** の変動を取り除いてしまった後の「出がらし」である **PC2** には，あまり情報が残っていないことを意味します。

$\vec{e_2}$ の中身は

```
print(e2)
```

[-0.7163751   0.69771535]

ですから，**PC2**（すなわち y' 座標）が正のときは東京は寒く宇都宮が暖かいこと，逆に **PC2** が負のときは東京が暖かく宇都宮が寒いことを意味しています。

実際の i ヶ月目の気温（$x_{1,i}$ が東京，$x_{2,i}$ が宇都宮）は，各月の PC1 と PC2 の重ね合わせで戻すことができます。

$$\begin{pmatrix} x_{1,i} \\ x_{2,i} \end{pmatrix} = PC1_i\, \vec{e_1} + PC2_i\, \vec{e_2} \quad (i = 1, 2, \ldots, N)$$

$$\iff X = \vec{e_1}\vec{PC1} + \vec{e_2}\vec{PC2}$$

ただしここで，第 2 式の右辺は行列としての積です。

つまり，主成分分析をすることによって，もとの気温偏差時系列を，第 1 項の「東京と宇都宮が同位相で変化する第 1 主成分」（振幅が大きい），第 2 項の「東京と宇都宮が逆位相で変化する第 2 主成分」（振幅が小さい）に分解できたということになります。

```
# もとの東京の気温偏差時系列
plot_mon_time(tokyoa, -4, 4)

# 2つの主成分を重ね合わせて戻した時系列
plot_mon_time(pc1*e1[0] + pc2*e2[0], -4, 4)

plt.show() # 2つの時系列は完全に一致する
```

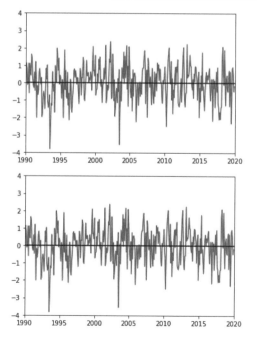

そしてなんと，PC1，PC2，... を一発で同時に求める方法があります！ 上記では射影の意味を理解してもらうために回りくどく計算しましたが，慣れたらいきなり以下の行列計算で終わらせましょう。この方法は，データ行列の次元が増えれば増えるほど有効です。

$$Z = E^\mathsf{T} X$$

$$(\iff \vec{PC}1 = \vec{e_1}^\mathsf{T} X, \vec{PC}2 = \vec{e_2}^\mathsf{T} X)$$

ただし，ここで Z は PC 時系列を縦に並べた行列

$$Z := \begin{pmatrix} \vec{PC}1 \\ \vec{PC}2 \end{pmatrix}$$

です。つまり，固有ベクトルを並べた行列自体で一気に射影をとればよいのですね。

逆に，分解した主成分からもとのデータに戻すのも簡単（EZ，イーズィー）で[1]，

$$X = EZ$$

です（E は直交行列なので，$E^{-1} = E^\mathsf{T}$ に注意して，E を $Z = E^\mathsf{T} X$ に左から掛ければよい）。

```
Z = E.T@X #行列の積は@で書ける
pc1 = Z[0, :] # 実はpc1もpc2もこれだけであっさり求められます
pc2 = Z[1, :] # いままで黙っててごめんなさい
```

12.5 | 主成分分析の性質

主成分分析には，いくつかの大事な性質があります。本節では，それを一つずつ見ていきましょう。

■ 12.5.1 性質 1：二重直交性

主成分分析の大事な性質の 1 つ目として，二重直交性（double orthogonality）があります。すなわち，固有ベクトル同士・PC 時系列同士はそれぞれ直交しているということです。

---

[1] 著者の師匠の渾身のギャグです。

```
np.dot(e1, e2) # 固有ベクトル同士の内積はゼロ（前章の章末C問題）
```

```
0.0
```

```
np.dot(pc1, pc2) # PC時系列同士の内積もゼロ
```

```
-7.149836278586008e-14
```

すなわち，PC 時系列同士は無相関であるということです。**分散の大きい順に，互い
に相関のない成分に分解するのが主成分分析である**ともいえます。

```
np.corrcoef(pc1, pc2)[1, 0]
```

```
-5.50593451171466e-16
```

PC 時系列同士が直交することの証明としては，Z の共分散行列が対角行列になるこ
とを示せばよいです。

$$\frac{ZZ^{\mathsf{T}}}{N} = \frac{E^{\mathsf{T}}XX^{\mathsf{T}}E}{N} = E^{\mathsf{T}}CE = E^{-1}CE = \Lambda$$

■ 12.5.2 性質2：固有値は対応する固有ベクトル方向の分散

次に，PC1 と PC2 の分散を計算してみましょう。

```
print(np.var(pc1))
print(np.var(pc2))
```

```
2.0513924657032288
0.06501294064564263
```

PC1 の分散が最大になるように基底を回転したのですから，PC1 のほうが圧倒的
に大きくなっています。ここで，固有値を並べた行列 Λ の中身をもう一度見てみま
しょう。

```
print(L)
```

```
[[2.05139247 0.        ]
 [0.         0.06501294]]
```

このように，実は Λ の対角成分には，各 PC 時系列の分散が入っています。

■ 12.5.3 性質3：分散の和が保存される

さらに，上記の行列 Λ と，元データの共分散行列 C を比べて，何か気づくことはあ
りますか？

```
print(C)
```

```
[[1.03199582 0.99284395]
 [0.99284395 1.08440958]]
```

実は，C と Λ の対角成分の和（トレース）は一致しています。これは，行列のトレースについての「基底変換に関してトレースは不変で，それは固有値の和と等しい」という性質によるものです。

これを，データの視点から解釈し直すと，

東京の気温偏差の分散 + 宇都宮の気温偏差の分散 = PC1 の分散 + PC2 の分散

という関係が成り立っていることがわかります。

つまり主成分分析は，

- 分散の和は不変とする
- 二重直交性をもたせる

という制約のもとで，できる限り上位の主成分に分散を押しつける解析方法であるといえます。

12.6 | 主成分分析の寄与率

「各 PC が，データ内の分散の和のうちどのくらいの割合を説明できているのか」のことを，寄与率（**explained variance**）といいます。

一般に，M 個の時系列に対して主成分分析を行った場合，$i = 1, 2, \ldots, M$ に対して，PCi の寄与率 EVi は

$$EVi := \frac{\mathrm{var}(\vec{PCi})}{\displaystyle\sum_{j=1}^{M} \mathrm{var}(\vec{x_j})} = \frac{\lambda_i}{\displaystyle\sum_{j=1}^{M} \lambda_j}$$

と定義されます。今回の例でも，PC1 の寄与率 EV1 を求めてみると，

```
# トレースの計算はnp.traceを用いる
ev1 = L[0, 0]/np.trace(L)

ev1
```

```
0.9692814332969409
```

つまり，東京と宇都宮における気温偏差の分散の和のうち，約 **97%** が第 1 主成分の
みによって説明されるということになります。要は「東京と宇都宮の気温変動はほと
んど同位相」という散布図を見た通りの結論ではありますが，この方法をそのまま M
次元に拡張できるというのがパワフルな点です。

　寄与率が大きな主成分が得られたならば，データ内の大事な変動成分はほぼその主
成分に集約できたことになります。すなわち，「次元圧縮」と「特徴抽出」ができたこ
とになり，主成分分析は大成功です！

12.7 ┃ 2 次元気象場における主成分分析

　気象学や海洋物理学では，主成分分析のことを**経験的直交関数**（**empirical orthogonal
function; EOF**）**解析**と呼びます。「経験的」はデータから基底を求めるという意味で，
直交は基底が直交しているからです。PC1, PC2, ... に対応する固有ベクトルのこと
を，それぞれ EOF1，EOF2，... などと呼びます。大気海洋データ解析業界の方言のよ
うなものです。

　この EOF 解析は，2 次元気象場に応用することで，インデックスの定義などに頻繁
に用いられます。図 12.1 に，そのやり方を簡単に示しました。つまり，本文では 2 都
市，章末 B 問題では 6 都市でやっているようなことを，海面水温など 2 次元場の各格
子点の全ての箇所を用いて行うのです。その際，緯度経度グリッドの各格子点は，同

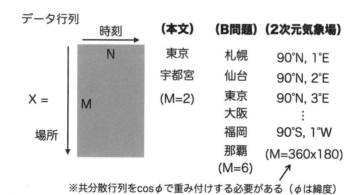

図 **12.1** 2 次元気象場における主成分分析（詳細は第 II 巻 8 章）

一の面積を代表していないので，共分散行列を緯度のコサインで重み付けする必要があります。

このように行った EOF 解析では，固有ベクトルが気象の変動の空間パターンを表し，PC 時系列がその変動を表す客観的なインデックスになります（図 12.2）。たとえば，北半球における海面更正気圧の第 1 主成分を計算すると，北極振動（AO）と呼ばれる現象のインデックスが得られます。あるいは，世界の海面水温の第 1 主成分を計算すると，エルニーニョ南方振動のインデックスが得られます。

ちなみに，このようにして得られたエルニーニョ南方振動のインデックスは，世界の海面水温の分散に対して，15%程度の寄与率をもちます。さらにこのインデックスは，Niño3.4 指数とも良い相関をもちます。だからこそ，Niño3.4 指数がエルニーニョ南方振動の良いインデックスの一つとして受け入れられているのです。

2 次元気象場における主成分分析（EOF 解析）について，詳しい実装の方法が知りたいと思った方は，もう次のステップへの準備ができています。本書の続きである第 II 巻で詳しく説明しますので，ぜひご購入いただき，そちらでお会いしましょう！

発展：2次元気象場における主成分分析

固有ベクトル

固有ベクトル

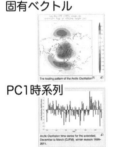

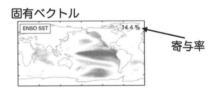

寄与率

PC1時系列

世界の海面水温の第一主成分
＝エルニーニョ南方振動
のインデックス

北半球における
地表気圧の第一主成分
＝北極振動のインデックス

さらに詳しく知りたい方は
第 II 巻を買ってください（笑）

図 12.2 主成分分析を用いたインデックスの定義（左の画像は Wikipedia「北極振動」[*2]，右の画像は Kohyama and Hartmann (2016)[*3] より）

[*2]　Wikipedia「北極振動」 https://ja.wikipedia.org/wiki/北極振動（2023–12–22 閲覧）

[*3]　Kohyama, T. and Hartmann, D. L. (2016). Antarctic sea ice response to weather and climate modes of variability. *J. Climate*, **29**(2), 721–741.

12.8 | 章末問題

A 問題. 以下の 2 つについて答えてください。

A-1. PC 時系列，および寄与率とは何か，**自分の言葉で**簡単に説明してください（答案は短くてよい）。

A-2. 本書全体についての感想を自由に書き，著者（神山翼）まで送ってください（https://sites.google.com/site/tsubasakohyama/contact-links）。データリンク集に最新のメールアドレスも載せておきます。𝕏（旧 Twitter）でご連絡いただいても構いません。

B 問題. 前章の B 問題の続きを，本文に従って行い，次の問いに答えてください。

B-1. e1 = E[:, 0] の中身を見ると，各都市の重みはどのように分布している（どのような「ブレンド」になっている）でしょうか。

B-2.「日本代表」の時系列（PC1 時系列）を求めてください。

B-3. 第 1 主成分（$\vec{e_1}$ と PC1 時系列のセット）は，概ねどのような変動を意味しているでしょうか。

（ヒント：本文の例では，「東京と宇都宮が同位相に変動する成分」を表していました。）

B-4. 得られた PC1 時系列は札幌，仙台，東京，大阪，福岡，那覇の気温偏差の分散の和のうち何%を説明できているでしょうか。

B-5. 第 2 主成分についても同様に解釈を加えてください。

C 問題. 本章の B 問題において，もとのデータ行列は

$$X = \vec{e_1}\vec{PC1} + \vec{e_2}\vec{PC2} + \cdots + \vec{e_6}\vec{PC6}$$

のように，寄与率の大きい順に 6 成分に分解できたことになります。いま，寄与率の大きい上位 3 成分のみを残し，残りは捨てることにすると，もとのデータ行列 X に含まれる変動の情報はどの程度残っているといえるでしょうか。

（ヒント：上位 3 成分の寄与率の合計を求めればよく，これを**累積寄与率（cumulative explained variance）**といいます。）

また，上位 3 成分のみから復元した各都市の時系列（合計 6 つ）と，元データの各都市の時系列（合計 6 つ）を，1 つずつ順番に比較し，次元圧縮がうまくいっている

かを確かめてください。

D 問題. 本書で学んだ解析手法を用いて，インターネット検索などで見つけた好きなデータを解析し，何か面白いレポートを書いてください。面白いレポートが書けたら，著者まで送ってください（送付先は A 問題と同様）。

# Google Colaboratory の基本的な使い方

本書は基本的に Jupyter Notebook を用いた Python プログラミングを想定していますが，環境構築がうまくいかなかったり，ブラウザ上で解析を完結させたい場合には，Google Colaboratory（Google Colab）を使うのもよいと思います。

本付録では，Google Colab において，新規ノートブックを作成・保存したり（本文では第 1 章），.npz ファイルを読み込んだり（本文では第 2 章），cartopy をインストールする（本文では第 10 章）方法を紹介します。

A.1 | 新規ノートブックの作成と保存

本節では，新規ノートブックの作成方法について説明します。こちらは，第 1 章 1.1 節に対応する内容です。

■ A.1.1 新規ノートブックの作成
ノートブックとは，Python のプログラムを打ち込むための場所です。

1. 自分の Google アカウントでログインし，次のサイトを開く。
   https://colab.research.google.com/
2. ブラウザ内のメニューバーにおける「ファイル」から，「ノートブックを新規作成」を選択する。
3. 再生マーク▷のついた長方形（セル）が出てきたら，準備完了。

■ A.1.2 ノートブックの保存
作成したノートブックを保存しましょう。このとき，Notebook 形式と呼ばれる .ipynb という拡張子のファイルに保存されます（保存先は，自分の Google ドライブの Colab Notebooks というディレクトリ）。

1. ブラウザ内のメニューバーにおける「ファイル」から「保存」を選択する。
2. 保存したファイルは，以下の方法で Google Colab でも Jupyter Notebook でも開くことができる。

- Google Colab で開く場合：ブラウザ内のメニューバーにおける「ファイル」から「ノートブックを開く」を選択し，開きたいファイルを選択する。
- Jupyter Notebook で開く場合：自分の Google ドライブの Colab Notebooks というディレクトリから，.ipynb ファイルをダウンロードして好きなディレクトリに置く。その後，第 1 章 1.1 節で説明している方法でファイルを開く。

ここまでできたら，後は第 1 章 1.2 節から読み進めてください。

A.2 | ファイルの入力

本節では，Google Colab を用いてデータファイルを読み込む方法を紹介します。こちらは，第 2 章 2.2 節に対応する内容で，海面水温データを例に説明します。その他のデータ（東京の気温データなど）を読み込む場合にも同じようにやっていただければ OK です。

■ A.2.1　モジュールをインポートする

読み込みと描画に用いるモジュールをインポートします。

```
import numpy as np
import matplotlib.pyplot as plt
from matplotlib.colors import Normalize # カラーバーの描画に用いる
```

■ A.2.2　海面水温の .npz ファイルをダウンロードする

npz という numpy 用の保存フォーマットがあります。今回は，著者が使いやすいように事前に加工しておいた .npz ファイル（sst_OISST.npz）から，海面水温のデータ[*1] を入力します。

データは，朝倉書店ウェブサイトの本書のページにアクセスし，「コンテンツダウンロード」からデータリンク集のファイル（Kohyama2024_DataLink.txt）をダウンロードし，そこに書かれている URL からダウンロードしてください。

ダウンロードしたファイルは，自分の Google ドライブの好きなディレクトリ（フォルダ）に保存しておきます。

ここで必要なデータ： sst_OISST.npz

[*1] 米国海洋大気庁 OISST V2 データセット, Reynolds, R. W., Rayner, N. A., Smith, T. M., Stokes, D. C. and Wang, W. (2002). An improved in situ and satellite SST analysis for climate. *J. Climate*, **15**(13), 1609–1625. https://www.esrl.noaa.gov/psd/data/gridded/data.noaa.oisst.v2.html（2023–12–22 閲覧）

なお，気象データによく用いられる netCDF フォーマット（拡張子「.nc」）のデータを .npz ファイルに加工する方法については，巻末付録 B を参照してください。

■ A.2.3　海面水温ファイルを入力する

まず，Google Colab から Google ドライブにアクセスできるようにします。

1. Google Colab の左にあるアイコンのうち，一番下のものをクリックします。
2. 出現した 3 つのアイコンの中から，一番右のアイコンを押してアクセス権を許可してください。

これで，Google Colab から自分の Google ドライブにアクセスできるようになりました。自分の Google ドライブの中身は，1. でクリックした左の一番下のアイコンをクリックすると現れるディレクトリから，

（content →）drive → MyDrive

の順でクリックすることで確認できます。データのパス（置き場所の情報）が欲しい場合は

データを右クリック →「パスをコピー」

で簡単にパスをコピーできますので，これを貼りつけることでパスを指定して，以下のようにファイルを読み込みましょう。

```
# 読み込むファイルの名前（ここに，コピーしたパスを貼りつける）
loadfile = '/content/drive/MyDrive/Colab Notebooks/sst_OISST.npz'

# データセットはまずデータセットごと入力
sst_dataset = np.load(loadfile)
```

ここまでできたら，あとは第 2 章 2.2.3 項の続きから読み進めてください。第 3 章以降でも，`loadfile` や `np.genfromtxt` でファイルを読み込む部分では，ここで紹介したのと同様にファイルを Google ドライブに置き，コピーしたパスを `loadfile` に貼りつけて指定してください。

A.3 | cartopy のインストール

本節では，Google Colab を用いて cartopy をインストールする方法を紹介します。こちらは，第 10 章 10.2.1 項に対応する内容です。

下記のコマンドをセルに打ち込んで cartopy をインストールすれば OK です。

```
!grep '^deb ' /etc/apt/sources.list | \
  sed 's/^deb /deb-src /g' | \
  tee /etc/apt/sources.list.d/deb-src.list
!apt-get -qq update

!apt-get -qq build-dep python3-cartopy
!pip uninstall -y shapely

!pip install --no-binary cartopy cartopy
```

Successfully installed cartopy のような文字列が出現したら，インストール成功です。ここまでできたら，あとは第 10 章 10.2.2 項の続きから読み進めてください。

B netCDF（.nc）ファイルからの データの読み込み

インターネット上で入手可能な気象データには，netCDF という形式のファイル（拡張子「.nc」）が使われていることが多くあります。そこで，本付録では，netCDF ファイルからデータを読み込み，それを本文中で用いていたような.npz ファイルに変換する方法をご紹介します。

B.1 netcdf4 のインストール

Jupyter Notebook を使っている場合は，Jupyter Notebook のセルに

```
!conda update conda

!conda install netcdf4
```

と書きましょう。ちなみに，Jupyter Notebook 上で「!」を書いた後に打ったコマンドは，「ターミナル（MacOS の場合）」などのコマンドラインインターフェイスに書いたのと同じことになります。

Google Colab を使っている場合は，セルに

```
!pip3 install netCDF4
```

で OK です。

以上の方法でうまくいかなかったら，インターネット検索で「netcdf4 のインストール python」などと調べて，ご自身の環境に合ったやり方を探してみてください。

B.2 モジュールのインポート

本付録で必要なモジュールをインポートします。

```
import numpy as np
import datetime
import netCDF4 as nc4
import matplotlib.pyplot as plt
from matplotlib.colors import Normalize
```

B.3 | netCDF ファイルからデータセットの読み込み

本文で使った月平均海面水温データ[*1] を，netCDF フォーマットで読み込んでみましょう。

このデータは，朝倉書店ウェブサイトの本書のページからダウンロードできるデータリンク集にも置いてありますが，最新のものが欲しい場合は，脚注に示したウェブサイトから，

Variable: Sea Surface Temperature （変数：海面水温）

Statistic: Mean （統計：平均）

Level: Surface （高度：地表）

TimeScale: Monthly （時間スケール：月別）

のデータをダウンロードしましょう。

ここで必要なデータ: `sst.mnmean.nc`

```
# 読み込むファイルの名前
loadfile = 'sst.mnmean.nc'

# netCDFデータの読み込み ('r'は読み込み専用の意味)
sst_data = nc4.Dataset(loadfile, 'r')
```

B.4 | 使いやすいように変数を加工

次に，読み込んだ netCDF データを，解析に使いやすい形にして，変数ごとに保存していきましょう。

■ B.4.1　netCDF ファイルの中身の確認

まずは netCDF ファイルの中身を確認するため，netCDF ファイルに書かれているヘッダー（前書き）の情報を読みましょう。ヘッダーを読むには，`ncdump -h` というコマンドを使います。

本来，`ncdump` は「ターミナル（MacOS の場合）」などのコマンドラインインターフェイスで用いるコマンドです。それゆえ，先ほど説明した通り，Jupyter Notebook

---

[*1] 米国海洋大気庁 OISST V2 データセット, Reynolds, R. W., Rayner, N. A., Smith, T. M., Stokes, D. C. and Wang, W. (2002). An improved in situ and satellite SST analysis for climate. *J. Climate*, **15**(13), 1609–1625. `https://www.esrl.noaa.gov/psd/data/gridded/data.noaa.oisst.v2.html` （2023–12–22 閲覧）

に直接書く場合は，先頭の「!」を忘れないようにしましょう。

```
!ncdump -h sst.mnmean.nc
```

```
netcdf sst.mnmean {
dimensions:
        lat = 180 ;
        lon = 360 ;
        time = UNLIMITED ; // (465 currently)
        nbnds = 2 ;
variables:
        float lat(lat) ;
                lat:units = "degrees_north" ;
                lat:long_name = "Latitude" ;
                lat:actual_range = 89.5f, -89.5f ;
                lat:standard_name = "latitude" ;
                lat:axis = "Y" ;
                lat:coordinate_defines = "center" ;
        float lon(lon) ;
                lon:units = "degrees_east" ;
                lon:long_name = "Longitude" ;
                lon:actual_range = 0.5f, 359.5f ;
                lon:standard_name = "longitude" ;
                lon:axis = "X" ;
                lon:coordinate_defines = "center" ;
        short sst(time, lat, lon) ;
                sst:long_name = "Monthly Mean of Sea Surface Temperature" ;
                sst:unpacked_valid_range = -5.f, 40.f ;
                sst:actual_range = -1.8f, 35.56862f ;
                sst:units = "degC" ;
                sst:add_offset = 0.f ;
                sst:scale_factor = 0.01f ;
                sst:missing_value = 32767s ;
                sst:precision = 2s ;
                sst:least_significant_digit = 2s ;
                sst:var_desc = "Sea Surface Temperature" ;
                sst:dataset = "NOAA Optimum Interpolation (OI) SST V2" ;
                sst:level_desc = "Surface" ;
                sst:statistic = "Mean" ;
                sst:parent_stat = "Weekly Mean" ;
                sst:standard_name = "sea_surface_temperature" ;
                sst:cell_methods = "time: mean (monthly from weekly values ↵
interpolated to daily)" ;
                sst:valid_range = -500s, 4000s ;
        double time(time) ;
                time:units = "days since 1800-1-1 00:00:00" ;
                time:long_name = "Time" ;
                time:actual_range = 66443., 80566. ;
                time:delta_t = "0000-01-00 00:00:00" ;
                time:avg_period = "0000-01-00 00:00:00" ;
                time:prev_avg_period = "0000-00-07 00:00:00" ;
```

```
                time:standard_name = "time" ;
                time:axis = "T" ;
                time:bounds = "time_bnds" ;
        double time_bnds(time, nbnds) ;
                time_bnds:long_name = "Time Boundaries" ;

// global attributes:
                :title = "NOAA Optimum Interpolation (OI) SST V2" ;
                :Conventions = "CF-1.0" ;
                :history = "Wed Apr  6 13:47:45 2005: ncks -d time,0,278 SAVEs/↵
sst.mnmean.nc sst.mnmean.nc\n",
                        "Created 10/2002 by RHS" ;
                :comments = "Data described in Reynolds, R.W., N.A. Rayner, T.M.\n",
                        "Smith, D.C. Stokes, and W. Wang, 2002: An Improved In ↵
Situ and Satellite\n",
                        "SST Analysis for Climate, J. Climate" ;
                :platform = "Model" ;
                :source = "NCEP Climate Modeling Branch" ;
                :institution = "National Centers for Environmental Prediction" ;
                :References = "https://www.psl.noaa.gov/data/gridded/data.noaa.↵
oisst.v2.html" ;
                :dataset_title = "NOAA Optimum Interpolation (OI) SST V2" ;
                :source_url = "http://www.emc.ncep.noaa.gov/research/cmb/sst_analysis/";
}
```

　少々長い文字列が出てきました。ここには，この netCDF ファイルにどんな変数が保存されているかの情報が書かれています。

　たとえば，海面水温（sea surface temperature）は，sst という変数に格納されていることがわかります。また，緯度や経度はそれぞれ lon と lat という変数に格納されており，時刻の情報は time という変数に格納されているようです。

　特に後で重要になるのは，time のところに書かれている units の欄です。ここには，時刻がどのような単位で保存されているかが書いてあります。いまの例では，

time:units = "days since 1800-1-1 00:00:00" ;

と書いてありますから，時刻は「1800 年 1 月 1 日 0 時からの日数」の形で保存されています。

■ B.4.2　海面水温

　海面水温のデータは，本文で用いたデータと同じように配列の次元が「東西方向，南北方向，時間方向」の順になるように整理しておきます。また，配列の型は float 型（単精度浮動小数点数型），つまり実数を扱いやすい型にしておくのがよいでしょう。

　また，このときに配列の各次元の大きさを imt，jmt，tmt にそれぞれ代入しておきます。

```
# 変数sstの読み込み
sst = sst_data.variables['sst'][:]

# 配列の次元を入れ替える
# (もともと2番目に入っていた東西方向の次元を最初にもってきて,
# もともと0番目に入っていた時間方向の次元を最後にもってくる)
sst = sst.transpose(2, 1, 0)

# 配列の型をfloat型にする
sst = sst.astype(float)

# 配列のサイズを取得する
[imt, jmt, tmt] = sst.shape

[imt, jmt, tmt]
```

```
[360, 180, 465]
```

■B.4.3 経度と緯度

経度と緯度のデータは,本文中で用いたような行列(2次元配列)にしておくと,使いやすくかつミスが少ないです.

```
# 変数lonとlatの読み込み(この時点ではそれぞれベクトル)
lon = sst_data.variables['lon'][:]
lat = sst_data.variables['lat'][:]

# ベクトルから格子列を生成することにより,行列に直す
[xgrid2, ygrid2] = np.meshgrid(lon, lat);

# 変数sstと整合するために転置して,float型にする
lon2 = (xgrid2.T).astype(float)
lat2 = (ygrid2.T).astype(float)

# ベクトルの消去
del lon, lat
```

■B.4.4 年と月

年と月のデータは,時刻を指定する変数から読み取ります.このとき,先ほどncdumpをした際に,時刻の単位が「1800年1月1日0時からの日数」で保存されていたことを思い出しましょう.

```
# 配列の初期化
y = np.zeros(tmt)
m = np.zeros(tmt)
```

```
# ncdumpで調べた起算日を入れる
# たとえばこのデータセットでは「1800年1月1日から数えた日数」
# として時刻が指定されている
date_offset = datetime.datetime(1800, 1, 1)

# 時刻を指定する変数timeを読み取る
time = sst_data.variables['time'][:]

# 各時刻について以下のループを回す
for tt in range(0, tmt):

    # 起算日の日付に，起算日からの日数を足す
    # （「日数」ではなく「時間」でtimeが指定されていたらdaysをhoursに変更）
    time_data = date_offset + datetime.timedelta(days=time[tt])

    # 年と月の情報を変数に入れる
    y[tt] = time_data.year
    m[tt] = time_data.month
```

■ B.4.5　陸のグリッドに nan を入れる

実は先ほどダウンロードした海面水温のデータでは，陸のグリッドにも意味のない値が入っています。そこで，陸のグリッドに未定義値であることを示す nan を代入する作業をします。

この際，どのグリッドが陸で，どのグリッドが海かの情報が必要です。そこでもう一つ別の netCDF ファイルである lsmask.nc というデータを使います。

このデータも，朝倉書店ウェブサイトの本書のページからダウンロードできるデータリンク集に置いてあります。先ほどと同様に，米国海洋大気庁のウェブサイトから取ってきたい場合は，データの Options というところに書かれた本のマーク（Threads Catalog）をクリックすると，ファイル一覧が表示されますので，そこから lsmask.nc というファイルをダウンロードすれば OK です。

ここで必要なデータ：lsmask.nc

早速，ncdump で，ファイルのヘッダーを読んでみましょう。

```
!ncdump -h lsmask.nc
```

```
netcdf lsmask {
dimensions:
        lon = 360 ;
        lat = 180 ;
        time = UNLIMITED ; // (1 currently)
variables:
        float lat(lat) ;
```

```
                    lat:units = "degrees_north" ;
                    lat:long_name = "Latitude" ;
                    lat:actual_range = 89.5f, -89.5f ;
                    lat:standard_name = "latitude" ;
                    lat:axis = "Y" ;
                    lat:coordinate_defines = "center" ;
            float lon(lon) ;
                    lon:units = "degrees_east" ;
                    lon:long_name = "Longitude" ;
                    lon:actual_range = 0.5f, 359.5f ;
                    lon:standard_name = "longitude" ;
                    lon:axis = "X" ;
                    lon:coordinate_defines = "center" ;
            double time(time) ;
                    time:units = "days since 1800-1-1 00:00:0.0" ;
                    time:long_name = "Time" ;
                    time:actual_range = 66410., 66410. ;
                    time:delta_t = "0000-00-00 00:00:00" ;
                    time:standard_name = "time" ;
                    time:axis = "T" ;
            short mask(time, lat, lon) ;
                    mask:long_name = "Land Sea Mask" ;
                    mask:valid_range = 0s, 1s ;
                    mask:units = "none" ;
                    mask:dataset = "NOAA Optimum Interpolation (OI) SST V2" ;
                    mask:var_desc = "Land-sea mask" ;
                    mask:level_desc = "Surface" ;
                    mask:statistic = "Other" ;
                    mask:add_offset = 0.f ;
                    mask:scale_factor = 1.f ;
                    mask:missing_value = 32766s ;

// global attributes:
                    :title = "NOAA Optimum Interpolation (OI) SST V2" ;
                    :Conventions = "CF-1.0" ;
                    :history = "Created 10/2002 by RHS" ;
                    :comments = "Data described in Reynolds, R.W., N.A. Rayner, T.M.\n",
                            "Smith, D.C. Stokes, and W. Wang, 2002: An Improved In ↩
Situ and Satellite\n",
                            "SST Analysis for Climate, J. Climate" ;
                    :platform = "Model" ;
                    :source = "NCEP Climate Modeling Branch" ;
                    :institution = "National Centers for Environmental Prediction" ;
                    :References = "https://www.psl.noaa.gov/data/gridded/data.noaa.↩
oisst.v2.html" ;
                    :dataset_title = "NOAA Optimum Interpolation (OI) SST V2" ;
                    :source_url = "http://www.emc.ncep.noaa.gov/research/cmb/sst_analysis/";
}
```

ヘッダーの情報によれば，陸海マスク（**land-sea mask**）の情報が mask という変数

に入っていることがわかります．陸海マスクとは，陸のグリッドに 0, 海のグリッドに 1 が入っているような変数のことです．

海面水温データ sst に対して，陸海マスクが 0 であるような地点にのみ np.nan を代入していきましょう．こうすることで，海面水温を描画したときに，陸の部分が白抜きになってくれます．

```python
# 読み込むファイルの名前
maskfile = 'lsmask.nc'

# netCDFデータの読み込み ('r'は読み込み専用の意味)
mask_data = nc4.Dataset(maskfile, 'r')

# 変数maskの読み込み
mask = mask_data.variables['mask'][:]

# 変数maskを3次元配列 (1x180x360) から行列 (180x360) に変更
# その後転置して (360x180) とする
mask = np.squeeze(mask).T

# 全ての時刻について以下を繰り返す
for tt in range(0, tmt):

    # 時刻ttのsstを行列 (360x180) に変更したsst_tmpを用意
    sst_tmp = np.squeeze(sst[:, :, tt])

    # maskが0と等しい行列の成分のみnp.nanを代入
    sst_tmp[mask==0]=np.nan

    # sstにsst_tmpの中身を戻す
    sst[:, :, tt] = sst_tmp
```

■ B.4.6　特定の期間の抜き出し

最後に，解析に使いたい期間（ここでは 1982 年から 2019 年）のみを抜き出しておきます．これで，変数の加工は終了です．

```python
# 解析に使いたい期間を抜き出す
sst = sst[:, :, (1982 <= y)*(y <=2019)]
m = m[(1982 <= y)*(y <=2019)]
y = y[(1982 <= y)*(y <=2019)]

# 配列の大きさを確認
[imt, jmt, tmt] = sst.shape
imt, jmt, tmt
```

(360, 180, 456)

B.5 | 変数の保存

前節で使いやすく加工した変数 sst，lon2，lat2，y，m を，NumPy 配列を保存するために便利な npz 形式で保存しておきましょう。

```
# 保存するファイルの名前
savefile = 'sst_OISST.npz'

# sstをsstという名前で保存。
# lon2をlon2，lat2をlat2という名前で保存。
# yをy，mをmという名前で保存。
np.savez(savefile, sst=sst, lon2=lon2, lat2=lat2, y=y, m=m)
```

B.6 | まとめに代えて：MSM データの読み込みに挑戦

前節までに勉強した方法を復習するために，気象庁メソモデル（MSM）のデータを読み込んでみましょう。すでに第 2 章の章末 D 問題に記載した通りですが，MSM の気象データは，http://database.rish.kyoto-u.ac.jp/arch/jmadata/gpv-netcdf.html において netCDF フォーマットでまとめられています。

今回は，そのうちの地表面データ（MSM-S）における好きな日付のファイル（見本としてデータリンク集に 1012.nc を用意してあります）をダウンロードして，地上気圧，気温（地上 1.5 m），相対湿度（地上 1.5 m），1 時間降水量，全雲量のデータを npz 形式で保存してみましょう。

ここで必要なデータ：1012.nc

```
# 読み込むファイルの名前
loadfile = '1012.nc'

# netCDFデータの読み込み（'r'は読み込み専用の意味）
msm_data = nc4.Dataset(loadfile, 'r')
```

ファイルが無事読み込めたので，ncdump -h でヘッダーを確認します。

```
!ncdump -h 1012.nc
```

```
netcdf \1012 {
dimensions:
        lon = 481 ;
        lat = 505 ;
        time = 24 ;
        ref_time = 8 ;
```

```
variables:
        float lon(lon) ;
                lon:long_name = "longitude" ;
                lon:units = "degrees_east" ;
                lon:standard_name = "longitude" ;
        float lat(lat) ;
                lat:long_name = "latitude" ;
                lat:units = "degrees_north" ;
                lat:standard_name = "latitude" ;
        float time(time) ;
                time:long_name = "time" ;
                time:standard_name = "time" ;
                time:units = "hours since 2019-10-12 00:00:00+00:00" ;
        float ref_time(ref_time) ;
                ref_time:long_name = "forecaset reference time" ;
                ref_time:standard_name = "forecaset_reference_time" ;
                ref_time:units = "hours since 2019-10-12 00:00:00+00:00" ;
        short psea(time, lat, lon) ;
                psea:scale_factor = 0.4587155879 ;
                psea:add_offset = 95000. ;
                psea:long_name = "sea level pressure" ;
                psea:units = "Pa" ;
                psea:standard_name = "air_pressure" ;
        short sp(time, lat, lon) ;
                sp:scale_factor = 0.9174311758 ;
                sp:add_offset = 80000. ;
                sp:long_name = "surface air pressure" ;
                sp:units = "Pa" ;
                sp:standard_name = "surface_air_pressure" ;
        short u(time, lat, lon) ;
                u:scale_factor = 0.006116208155 ;
                u:add_offset = 0. ;
                u:long_name = "eastward component of wind" ;
                u:units = "m/s" ;
                u:standard_name = "eastward_wind" ;
        short v(time, lat, lon) ;
                v:scale_factor = 0.006116208155 ;
                v:add_offset = 0. ;
                v:long_name = "northward component of wind" ;
                v:units = "m/s" ;
                v:standard_name = "northward_wind" ;
        short temp(time, lat, lon) ;
                temp:scale_factor = 0.002613491379 ;
                temp:add_offset = 255.4004974 ;
                temp:long_name = "temperature" ;
                temp:units = "K" ;
                temp:standard_name = "air_temperature" ;
        short rh(time, lat, lon) ;
                rh:scale_factor = 0.002293577883 ;
                rh:add_offset = 75. ;
```

```
                    rh:long_name = "relative humidity" ;
                    rh:units = "%" ;
                    rh:standard_name = "relative_humidity" ;
            short r1h(time, lat, lon) ;
                    r1h:scale_factor = 0.006116208155 ;
                    r1h:add_offset = 200. ;
                    r1h:long_name = "rainfall in 1 hour" ;
                    r1h:units = "mm/h" ;
                    r1h:standard_name = "rainfall_rate" ;
            short ncld_upper(time, lat, lon) ;
                    ncld_upper:scale_factor = 0.001666666591 ;
                    ncld_upper:add_offset = 50. ;
                    ncld_upper:long_name = "upper-level cloudiness" ;
                    ncld_upper:units = "%" ;
            short ncld_mid(time, lat, lon) ;
                    ncld_mid:scale_factor = 0.001666666591 ;
                    ncld_mid:add_offset = 50. ;
                    ncld_mid:long_name = "mid-level cloudiness" ;
                    ncld_mid:units = "%" ;
            short ncld_low(time, lat, lon) ;
                    ncld_low:scale_factor = 0.001666666591 ;
                    ncld_low:add_offset = 50. ;
                    ncld_low:long_name = "low-level cloudiness" ;
                    ncld_low:units = "%" ;
            short ncld(time, lat, lon) ;
                    ncld:scale_factor = 0.001666666591 ;
                    ncld:add_offset = 50. ;
                    ncld:long_name = "cloud amount" ;
                    ncld:units = "%" ;
                    ncld:standard_name = "cloud_area_fraction" ;
            short dswrf(time, lat, lon) ;
                    dswrf:scale_factor = 0.0205 ;
                    dswrf:add_offset = 665. ;
                    dswrf:long_name = "Downward Short-Wave Radiation Flux" ;
                    dswrf:units = "W/m^2" ;
                    dswrf:standard_name = "surface_net_downward_shortwave_flux" ;

// global attributes:
                    :Conventions = "CF-1.0" ;
                    :history = "created by create_1daync_msm_s.rb  2019-10-13" ;
}
```

それでは，一気に変数を読み込んでいきましょう！

```
# 変数sp（地上気圧）の読み込み
surface_pressure = msm_data.variables['sp'][:]
surface_pressure = surface_pressure.transpose(2, 1, 0)
surface_pressure = surface_pressure.astype(float)

# 変数temp（地上気温）の読み込み
temperature = msm_data.variables['temp'][:]
```

```python
temperature = temperature.transpose(2, 1, 0)
temperature = temperature.astype(float)

# 変数rh（相対湿度）の読み込み
humidity = msm_data.variables['rh'][:]
humidity = humidity.transpose(2, 1, 0)
humidity = humidity.astype(float)

# 変数r1h（1時間降水量）の読み込み
rain1h = msm_data.variables['r1h'][:] # rainfall in 1 hour
rain1h = rain1h.transpose(2, 1, 0)
rain1h = rain1h.astype(float)

# 変数ncld（全雲量）の読み込み
cloud = msm_data.variables['ncld'][:]
cloud = cloud.transpose(2, 1, 0)
cloud = cloud.astype(float)

## ncdumpでわかる通り，ほかにも色々な変数が保存されています
## 色々遊んでみてください

# 配列のサイズの確認
[imt, jmt, tmt] = temperature.shape
print([imt, jmt, tmt])

# 経度緯度の読み込み
lon = msm_data.variables['lon'][:]
lat = msm_data.variables['lat'][:]
[xgrid2, ygrid2] = np.meshgrid(lon, lat);
lon2 = (xgrid2.T).astype(float)
lat2 = (ygrid2.T).astype(float)
del lon, lat
print([lon2, lat2])

# 年と月と日と時刻の読み込み
# ncdumpで，時刻の単位が「"hours since 2019-10-12 00:00:00+00:00"」
# となっていることに注意しましょう。+00:00は「世界標準時」の意味です
y = np.zeros(tmt)
m = np.zeros(tmt)
d = np.zeros(tmt)
h = np.zeros(tmt)
# 時刻の単位は2019年10月12日始まりです
date_offset = datetime.datetime(2019, 10, 12)
time = msm_data.variables['time'][:]
for tt in range(0, tmt):
    # 時刻の単位がhoursだったので，daysではなくhoursを用います
    time_data = date_offset + datetime.timedelta(hours=int(time[tt]))
    y[tt] = time_data.year
    m[tt] = time_data.month
    d[tt] = time_data.day
```

```
    h[tt] = time_data.hour
print([y, m, d, h])
```

```
[481, 505, 24]
[masked_array(
  data=[[120.    , 120.    , 120.    , ..., 120.    , 120.    , 120.    ],
        [120.0625, 120.0625, 120.0625, ..., 120.0625, 120.0625, 120.0625],
        [120.125 , 120.125 , 120.125 , ..., 120.125 , 120.125 , 120.125 ],
        ...,
        [149.875 , 149.875 , 149.875 , ..., 149.875 , 149.875 , 149.875 ],
        [149.9375, 149.9375, 149.9375, ..., 149.9375, 149.9375, 149.9375],
        [150.    , 150.    , 150.    , ..., 150.    , 150.    , 150.    ]],
  mask=False,
  fill_value=1e+20), masked_array(
  data=[[47.59999847, 47.54999924, 47.5       , ..., 22.5       ,
         22.45000076, 22.39999962],
        [47.59999847, 47.54999924, 47.5       , ..., 22.5       ,
         22.45000076, 22.39999962],
        [47.59999847, 47.54999924, 47.5       , ..., 22.5       ,
         22.45000076, 22.39999962],
        ...,
        [47.59999847, 47.54999924, 47.5       , ..., 22.5       ,
         22.45000076, 22.39999962],
        [47.59999847, 47.54999924, 47.5       , ..., 22.5       ,
         22.45000076, 22.39999962],
        [47.59999847, 47.54999924, 47.5       , ..., 22.5       ,
         22.45000076, 22.39999962]],
  mask=False,
  fill_value=1e+20)]
[array([2019., 2019., 2019., 2019., 2019., 2019., 2019., 2019., 2019.,
        2019., 2019., 2019., 2019., 2019., 2019., 2019., 2019.,
        2019., 2019., 2019., 2019., 2019., 2019.]), array([10., 10., 10., 10., ↵
10., 10., 10., 10., 10., 10., 10., 10., 10.,
        10., 10., 10., 10., 10., 10., 10., 10., 10., 10.]), array([12., ↵
12., 12., 12., 12., 12., 12., 12., 12., 12., 12., 12., 12.,
        12., 12., 12., 12., 12., 12., 12., 12., 12., 12.]), array([ 0., ↵
 1.,  2.,  3.,  4.,  5.,  6.,  7.,  8.,  9., 10., 11., 12.,
        13., 14., 15., 16., 17., 18., 19., 20., 21., 22., 23.])]
```

　きちんと読み込めているようなので，npz 形式で保存して完成です。

```
# 保存するファイルの名前
savefile = 'msm_20191012.npz'

# 各変数を同じ名前でファイルに保存
np.savez(savefile, surface_pressure = surface_pressure, \
         temperature = temperature, humidity = humidity, \
         cloud = cloud, rain1h = rain1h, lon2=lon2, lat2=lat2, \
         y = y, m = m, d = d, h = h)
```

## 第 1 章

A 問題.

答：どちらも対称行列になります。

$$AA^\top = \begin{pmatrix} 29 & 36 & 61 \\ 36 & 45 & 77 \\ 61 & 77 & 134 \end{pmatrix}$$

$$A^\top A = \begin{pmatrix} 74 & 28 & 95 \\ 28 & 12 & 36 \\ 95 & 36 & 122 \end{pmatrix}$$

B 問題.

解答例 1：紅白歌合戦の平均視聴率（データは Wikipedia より）。

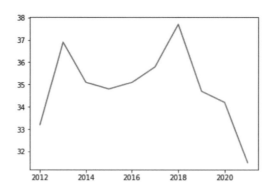

解答例 2：X（旧 Twitter）の使用時間（データは学生さんのオリジナル）。横向き棒グラフは，`plt.barh` という関数で描くことができます。

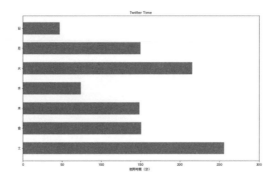

D 問題.

答：959 万 5390 円。

▌第 2 章

A 問題.

解答例：たとえば，こんな図が描ければ合格です。

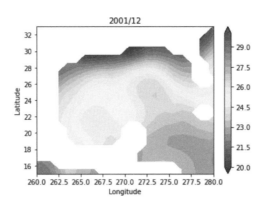

C 問題.

解答例：カラーバーをうまく調整すると，こんなに綺麗に描くことができます。

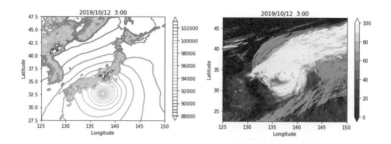

## 第3章

A 問題.

略解：このようなグラフが描ければ合格です。

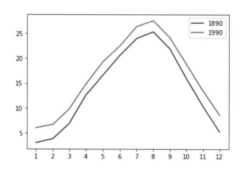

B 問題.

略解：ちなみに，「東太平洋で海面水温が下がっている理由」は 著者の博士論文の
テーマでした。

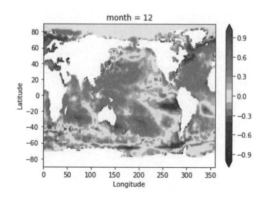

C 問題.

解答例：大分市の雨温図。

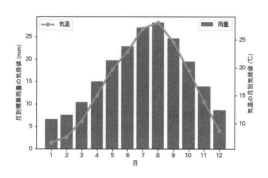

D 問題.

略解：季節変動を調べるためには，単年のデータではなく，複数の年のデータを見なければいけません。単年のデータだと，それが季節変動なのか，その年のみの特徴なのかわからないからです。

春と秋に1回上がるのはなぜでしょう（著者の中でも未解決問題です）。梅雨と秋雨のときは食べたくなくなるのでしょうか？ たとえば，日照時間との関係などを研究すれば，卒業研究くらいにはなるかもしれません。

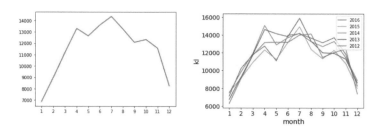

第4章

B 問題.

略解：このような図が描けたら合格です。

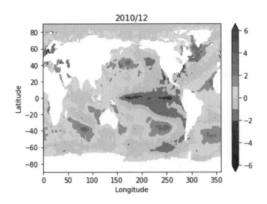

2010/12

D 問題.

略解：左図が気候値，右図が偏差です。2011 年や 2020 年には，何があったのかわかりますか？

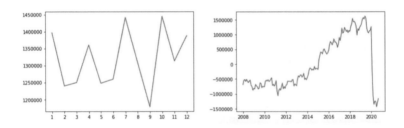

第 5 章

A 問題.

解答例：サーモンの漁獲量（4,500 トン/年）。

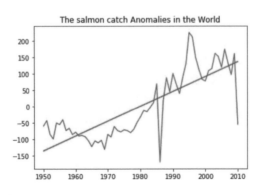

The salmon catch Anomalies in the World

B 問題.

略解：以下のような図が描ければ合格です。

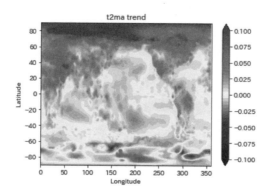

C 問題.

略解：大きな上昇トレンドの中にも，色々とアップダウンがあることが見てとれると思います。

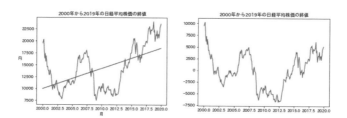

D 問題.

略解：南極海氷の近年までの増加トレンドおよびその後の急激な減少は，気候科学における未解決問題です。

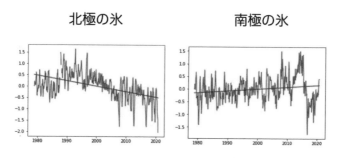

## 第 6 章

B 問題.

略解：このような図を描けたら合格です。

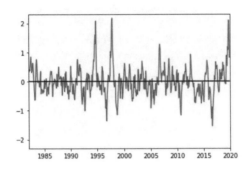

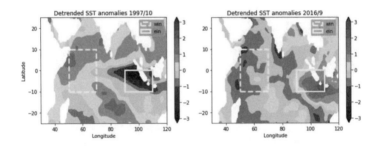

C 問題.

解答例：学生さんが自分で計算してくださった「Twitter 依存指数」です（現在は「𝕏 依存指数」と呼ぶべきかもしれません）。

$$\text{Twitter 依存指数} = \frac{\text{Twitter の使用時間}}{\text{1 日のスクリーンタイム}} \times 100$$

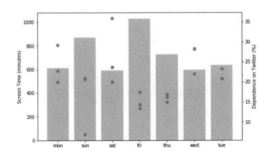

## 第 7 章

A 問題.

　略解：このような図が描ければ合格です。エルニーニョ現象と比べるときは，たとえばエルニーニョのコンポジット図とラニーニャのコンポジット図を足し合わせると，「非対称」な成分のみが取り出されます（**ENSO の非対称性; ENSO asymmetry**）。少し第 6 章で勉強しましたが，Niño3 指数でコンポジットをとると，Niño3.4 指数のときよりも非対称性が顕著に現れます。

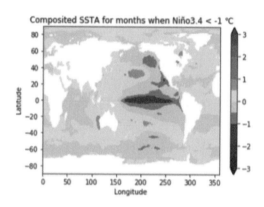

B 問題.

　略解：このような図が描ければ合格です。北米と南米に大きな赤が見えます。これが，典型的なエルニーニョ現象への応答です。北極に大きなシグナルがあったのは，著者としても意外でした。深く調べると面白いかもしれません。

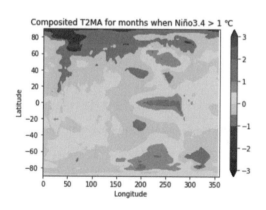

C 問題.

略解 1：日本近海のコンポジット図。海面水温も，東京の気温と同様の傾向を示しています。

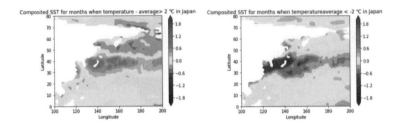

略解 2：世界の海のコンポジット図。この北米西海岸とのシーソーのような構造を**太平洋十年規模振動（Pacific Decadal Oscillation; PDO）**といいます (Minobe, 1997[*2]; Mantua *et al.*, 1997[*3])。ラニーニャ現象らしいものも見えますが，ENSO 応答は季節ごとのほうが見えるかもしれないです。

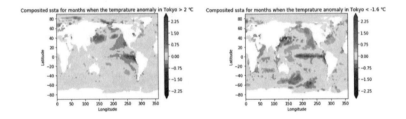

D 問題.

略解：月齢を基準に，極端降水イベントのコンポジットをとっています（たとえば論文中[*4]の図 12 など）。

[*2] Minobe, S. (1997). A 50–70 year climatic oscillation over the North Pacific and North America. *Geophys. Res. Lett.*, **24**(6), 683–686.

[*3] Mantua, N. J., Hare, S. R., Zhang, Y., Wallace, J. M. and Francis, R. C. (1997). A Pacific inter-decadal climate oscillation with impacts on salmon production. *Bull. Am. Meteorol. Soc.*, **78**(6), 1069–1080.

[*4] Brier, G. W. and Bradley, D. A. (1964). The lunar synodical period and precipitation in the United States. *J. Atmos. Sci.*, **21**(4), 386–395. https://journals.ametsoc.org/jas/article/21/4/386/17078（2023–12–21 閲覧）

## 第 8 章

C 問題.

解答例：ロス海の海氷面積と，我が国のアイスクリーム生産量の関係（なぜ相関が高くなるのかは D 問題参照）。

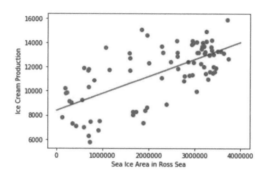

D 問題.

略解：ミカさんの解析のほうが相関係数が高く出ますが，カズハさんの解析のほうが妥当です。

第 9 章

B 問題.

略解：このような図が描けたら合格です。青い部分は海氷の面積と海面水温が逆相関の場所，赤い部分は海氷の面積と海面水温が正相関の場所です。

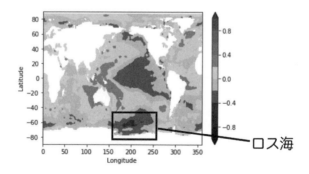

略解：このような図が描けたら合格です。熱帯からロス海に向かって波列が飛んでいるのが見えたでしょうか？

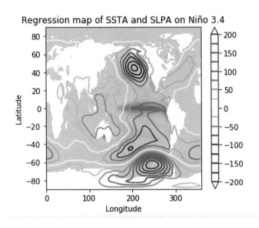

D 問題.

略解：リグレスアウト前（上段）とリグレスアウト後（下段）の比較。リグレスアウトでは，回帰直線で近似できるような線型な変動しか除去できないことに注意してください。

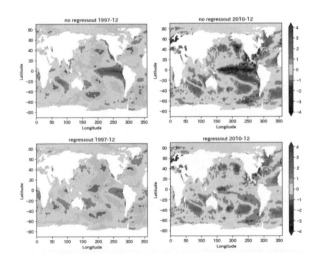

## 第 10 章

A 問題.

解答例：モルワイデ図法（**Mollweide projection**）による海面水温分布です。

B 問題.

解答例 1：カナダ・バンクーバー付近の気圧偏差に対する一点回帰図です。

解答例 2：米国・ハワイ島付近の気圧偏差に対する一点回帰図です。エルニーニョ南方振動の作るテレコネクションに似ていますが，波源が西側に見えています。

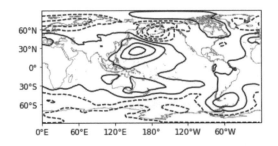

C 問題.

　解答例：cartopy の機能を細かく調べて極めると，ここまで綺麗な図が作れるそうです。この図を作ってくれた学生さんによると，「地図を緑で塗りつぶしにした」「雲を描画するときに透明度を 0.7 にして，日本が雲のデータに隠されずに見えるようにした」などと，様々に工夫してくださったようです。

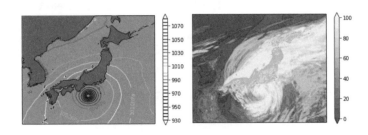

第 11 章

B 問題.

　略解：固有ベクトルは縦に入っているので注意して求めましょう。

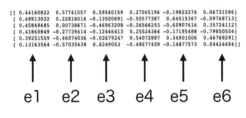

索　引

著者略歴

神山 翼
（こう やま つばさ）

1988 年　北海道に生まれる
2017 年　Department of Atmospheric Sciences, University of
　　　　　Washington 博士課程修了
現　在　お茶の水女子大学基幹研究院自然科学系講師
　　　　　Ph.D.（大気科学）

Python による気象・気候データ解析 I
　― Python の基礎・気候値と偏差・回帰相関分析―

定価はカバーに表示

2024 年 5 月 1 日　初版第 1 刷

著　者　神　山　　　翼
発行者　朝　倉　誠　造
発行所　株式会社　朝　倉　書　店

東京都新宿区新小川町 6-29
郵便番号　　１６２-８７０７
電　話　03（3260）0141
ＦＡＸ　03（3260）0180
https://www.asakura.co.jp

〈検印省略〉

Python による実務で役立つデータサイエンス練習問題 200+
[全 3 巻]

久保 幹雄 (著)

1 巻	A5 判／192 頁	978-4-254-12281-7 C3004	定価 2,970 円 (本体 2,700 円＋税)
2 巻	A5 判／256 頁	978-4-254-12282-4 C3004	定価 3,630 円 (本体 3,300 円＋税)
3 巻	A5 判／192 頁	978-4-254-12283-1 C3004	定価 2,970 円 (本体 2,700 円＋税)

実際に課題解決で使える Python プログラミングを Jupyter 上で練習問題をときながら身に着ける.

実践 Python ライブラリー Python によるマクロ経済予測入門

新谷 元嗣・前橋 昂平 (著)

A5 判／224 頁　978-4-254-12901-4 C3341　定価 3,850 円 (本体 3,500 円＋税)

マクロ経済活動における時系列データを解析するための理論を理解し, Python で実践.〔内容〕AR モデルによる予測／マクロ経済データの変換／予測変数と予測モデルの選択／動学因子モデルによる予測／機械学習による予測

実践 Python ライブラリー Python による流体解析

河村 哲也・佐々木 桃 (著)

A5 判／224 頁　978-4-254-12902-1 C3341　定価 3,740 円 (本体 3,400 円＋税)

数値流体解析の基礎を理解し, Python で実装しながら学ぶ.〔内容〕常微分方程式の差分解法／線形偏微分方程式の差分解法／非圧縮性ナビエ・ストークス方程式の差分解法／熱と乱流の取扱い (室内気流の解析)／座標変換と格子生成／いろいろな 2 次元流れの計算／ MAC 法による 3 次元流れの解析

pandas クックブック ―Python によるデータ処理のレシピ―

Theodore Petrou (著) ／黒川 利明 (訳)

A5 判／384 頁　978-4-254-12242-8 C3004　定価 4,620 円 (本体 4,200 円＋税)

データサイエンスや科学計算に必須のツールを詳説.〔内容〕基礎／必須演算／データ分析開始／部分抽出／boolean インデックス法／インデックスアライメント／集約, フィルタ, 変換／整然形式／オブジェクトの結合／時系列分析／可視化

Python インタラクティブ・データビジュアライゼーション入門
―Plotly/Dash によるデータ可視化と Web アプリ構築―

@driller・小川 英幸・古木 友子 (著)

B5 判／288 頁　978-4-254-12258-9 C3004　定価 4,400 円 (本体 4,000 円＋税)

Web サイトで公開できる対話的・探索的 (読み手が自由に動かせる) 可視化を Python で実践. データ解析に便利な Plotly, アプリ化のためのユーザインタフェースを作成できる Dash, ネットワーク図に強い Dash Cytoscape を具体的に解説.

統計解析スタンダード 経済時系列と季節調整法

高岡 慎 (著)

A5 判／192 頁　978-4-254-12858-1 C3341　定価 3,740 円（本体 3,400 円＋税）

官庁統計など経済時系列データで問題となる季節変動の調整法を変動の要因・性質等の基礎から解説。〔内容〕季節性の要因／定常過程の性質／周期性／時系列の分解と季節調節／X-12-ARIMA ／ TRAMO-SEATS ／状態空間モデル／事例／他

実践 Python ライブラリー Python による計量経済学入門

中妻 照雄 (著)

A5 判／224 頁　978-4-254-12899-4 C3341　定価 3,740 円（本体 3,400 円＋税）

確率論の基礎からはじめ，回帰分析，因果推論まで解説。理解して Python で実践〔内容〕エビデンスに基づく政策決定に向けて／不確実性の表現としての確率／データ生成過程としての確率変数／回帰分析入門／回帰モデルの拡張と一般化

統計ライブラリー 経済・ファイナンスデータの 計量時系列分析

沖本 竜義 (著)

A5 判／212 頁　978-4-254-12792-8 C3341　定価 3,960 円（本体 3,600 円＋税）

基礎的な考え方を丁寧に説明すると共に，時系列モデルを実際のデータに応用する際に必要な知識を紹介。〔内容〕基礎概念／ ARMA 過程／予測／ VAR モデル／単位根過程／見せかけの回帰と共和分／ GARCH モデル／状態変化を伴うモデル

組成データ解析入門 ―パーセント・データの問題点と解析方法―

太田 亨 (著)

A5 判／160 頁　978-4-254-12288-6 C3041　定価 3,080 円（本体 2,800 円＋税）

パーセント（%），ppm，ppb などで表される組成データを解析する際の問題点を整理。岩石の化学組成や血液の成分などさまざまな場面で使用されるにもかかわらず，不適切な利用も少なくない。図表を用いてビジュアルに解説，解決方法を提示。R による解析方法も紹介。〔内容〕定数和制約／対数比解析／単体解析／絶対量変動

データビジュアライゼーション ―データ駆動型デザインガイド―

Andy Kirk(著) ／黒川 利明 (訳)

B5 判／296 頁　978-4-254-10293-2 C3040　定価 4,950 円（本体 4,500 円＋税）

"Data Visualisation: A Handbook for Data Driven Design" 第 2 版の翻訳。豊富な事例で学ぶ，批判的思考と合理的な意思決定による最適なデザイン。チャートの選択から配色・レイアウトまで，あらゆる決定に根拠を与える。可視化ツールに依存しない普遍的な理解のために！　オールカラー。

Python による気象・気候データ解析 II
―スペクトル解析・EOF と SVD・統計検定と推定―

神山 翼 (著)

A5 判／240 頁　978-4-254-16139-7 C3044　定価 3,960 円（本体 3,600 円＋税）

現代の気象学や物理気候学が必要とするデータを解析し，背後にある面白い自然現象を説明する力を養う。Jupyter で実践。全 2 巻。基礎を基礎事項を扱った I 巻につづき，実践的な解析を解説。［内容］パワースペクトル，フィルタリング，自己相関，クロススペクトル解析，EOF 解析，特異値分解，MCA，IVE，検定など。

シリーズ 〈気象学の新潮流〉

新田　尚・中澤　哲夫・斉藤　和雄 (監修)

各 A5 判　定価 3,190 円（本体 2,900 円＋税）[1–4 巻]／3,850 円（本体 3,500 円＋税）[5 巻]
1. 都市の気候変動と異常気象 978-4-254-16771-9 C3344
2. 台風の正体 978-4-254-16772-6 C3344
3. 大気と雨の衛星観測 978-4-254-16773-3 C3344
4. メソ気象の監視と予測 978-4-254-16774-0 C3344
5. 「異常気象」の考え方 978-4-254-16775-7 C3344

気象学ライブラリー

新田　尚・中澤　哲夫・斉藤　和雄 (編集)

各 A5 判　定価 3,520 円（本体 3,200 円＋税）[1,3 巻]／4,400 円（本体 4,000 円＋税）[2 巻]
1. 気象防災の知識と実践 978-4-254-16941-6 C3344
2. 日本の降雪 978-4-254-16942-3 C3344
3. 集中豪雨と線状降水帯 978-4-254-16943-0 C3344

Python 時系列分析クックブック I. 前処理／II. モデル・機械学習

T. A. Atwan(著) ／黒川 利明 (訳)

I 巻　A5 判／244 頁　978-4-254-12294-7 C3004　定価 3,850 円（本体 3,500 円＋税）
II 巻　A5 判／256 頁　978-4-254-12295-4 C3004　定価 3,960 円（本体 3,600 円＋税）

Time Series Analysis with Python Cookbook を 2 分冊で翻訳。I 巻では時系列データの取扱いの基礎を取り上げ，Python で解析するための事前の準備について具体的に解説。II 巻では伝統的なモデルによる評価と機械学習の活用を取り上げ，予測と異常検知のための実用的な手法を学ぶ。

空間解析入門 ―都市を測る・都市がわかる―

貞広 幸雄・山田 育穂・石井 儀光 (編)

B5 判／184 頁　978-4-254-16356-8 C3025　定価 4,290 円（本体 3,900 円＋税）

基礎理論と活用例〔内容〕解析の第一歩（データの可視化，集計単位変換ほか）／解析から計画へ（人口推計，空間補間・相関ほか）／ネットワークの世界（最短経路，配送計画ほか）／さらに広い世界へ（スペース・シンタックス，形態解析ほか）